山东省国家级风景名胜区重要风景资源

Important Scenic Resources of National Scenic Spots in Shandong Province

山东省林业保护和发展服务中心
山东省城乡规划设计研究院有限公司 / 编
邵飞　王跃军　梁江涛　苏娜 / 主编

中国林业出版社
China Forestry Publishing House

图书在版编目（CIP）数据

山东省国家级风景名胜区重要风景资源 / 山东省林业保护和发展服务中心，山东省城乡规划设计研究院有限公司编；邵飞等主编 . -- 北京：中国林业出版社，2024.11. -- ISBN 978-7-5219-2883-9

Ⅰ . P942.252

中国国家版本馆 CIP 数据核字第 2024UU6668 号

审图号：鲁图检字 (2024) 第 0028 号

责任编辑：张华
封面设计：闫文杰

出版发行：中国林业出版社
　　　　　（100009，北京市西城区刘海胡同 7 号，电话 010-83143566）
网址：https://www.cfph.net
印刷：北京博海升彩色印刷有限公司
版次：2024 年 11 月第 1 版
印次：2024 年 11 月第 1 次
开本：889mm×1194mm　1/16
印张：35
字数：800 千字
定价：498.00 元

《山东省国家级风景名胜区重要风景资源》编写委员会

主　编

邵　飞　王跃军　梁江涛　苏　娜

副主编

李　兴　郭建曜　申静霞　王瑞雪　张晓芳　于　隽
曲秀云　于　江　郭　涛　张文昌

编写人员（按姓氏笔画排序）

丁　彬　马胜国　王　珺　王宇鹏　王舶鉴　邓　傲
田春阳　包志强　石　磊　刘　凯　刘　洋　刘　琳
刘金龙　邢成龙　吕钰书　闫文杰　关志航　曲娟娟
张雅萌　张鹏远　宋　磊　李　扬　李亚红　时延文
孟晓烨　罗新宇　赵文太　姚茜茜　郭建曜　高　晴
高业林　韩冠苒　解小锋

PREFACE 前言

　　风景名胜区是具有观赏、文化或科学价值，自然景观、人文景观比较集中，环境优美，可供人们游览或者进行科学、文化活动的区域。风景名胜区是以国家公园为主体的自然保护地体系中的重要组成部分，是开展风景名胜区资源保护和游赏利用的重要场所。我国的风景名胜区具有鲜明的中国特色，凝结了大自然亿万年的神奇造化，承载了华夏文明五千年的丰厚积淀，是自然史和文化史的"天然博物馆"，是人与自然和谐发展的典范之区，是中华民族薪火相传的共同财富。在保护自然文化遗产、改善城乡人居环境、维护国家生态安全、弘扬中华民族传统文化、激发大众爱国热情、丰富群众文化生活等方面持续发挥着重要的作用。

　　1982年，国务院公布了第一批44处国家级风景名胜区，山东省泰山风景名胜区和青岛崂山风景名胜区位列其中；1985年，山东省政府公布首批省级风景名胜区，包括成山头、博山溶洞、蓬莱长岛、青州云门山、水泊梁山风景名胜区。风景名胜区的相继设立，为山东省风景名胜资源的保护和发展奠定了基础，有利于更好地保护山东省的自然山水风光，坚定文化自信，传承和发扬悠久的齐鲁文化。

目前，山东省国家级风景名胜区共有6处，分别为泰山风景名胜区、青岛崂山风景名胜区、博山风景名胜区、青州风景名胜区、胶东半岛海滨风景名胜区和千佛山风景名胜区，总面积为841.29平方千米。山东省国家级风景名胜区历史文化悠久，风景资源丰富，极具典型性和代表性，是构建山东省"两屏三带"生态格局的重要区域，是传承齐鲁文化的重要载体，同时也是发展山东省社会经济的新引擎，具有重要的科学研究、公众教育、观光游览、文化传承和生态旅游等多种价值。

掌握山东省国家级风景名胜区主要资源的数量、类型和保护现状，筛选重要风景资源，是深入挖掘风景资源特色、开展风景资源严格保护和永续利用工作的重要基础。

为加强山东省风景名胜区事业的宣传，让社会各界和公众了解风景名胜资源，切实增强市民对风景资源保护和传承的意识，山东省林业保护和发展服务中心与山东省城乡规划设计研究院有限公司组成技术团队，经过多方踏勘、搜集资料、拍摄影像、评价分析，形成了《山东省国家级风景名胜区重要风景资源》，以图文并茂的形式对山东省6处国家级风景名胜区重要风景资源的基本情况、风景特点、资源价值等进行详细记录、展示和介绍，共计收录了360余处重要风景资源，其中，涵盖了天景、地景、水景、生景、园景、建筑、胜迹7种景源类型。

本书编辑历经1年时间，得到了济南市、青岛市、淄博市、烟台市、潍坊市、泰安市、威海市风景名胜区主管部门、风景名胜区管理机构及有关图片摄影者的大力支持。在此，谨向所有为本书编写作出贡献的单位和人士表示衷心的感谢。

随着山东省国家级风景名胜区资源调查工作的不断推进，我们相信，还将有其他重要风景资源被发掘。由于本书成书时间仓促，书中难免有遗漏与错误，诚恳各位专家学者和热心读者批评指正，并诚邀广大读者将新发现的重要风景资源反馈至山东省林业保护和发展服务中心。

编者

2024年10月

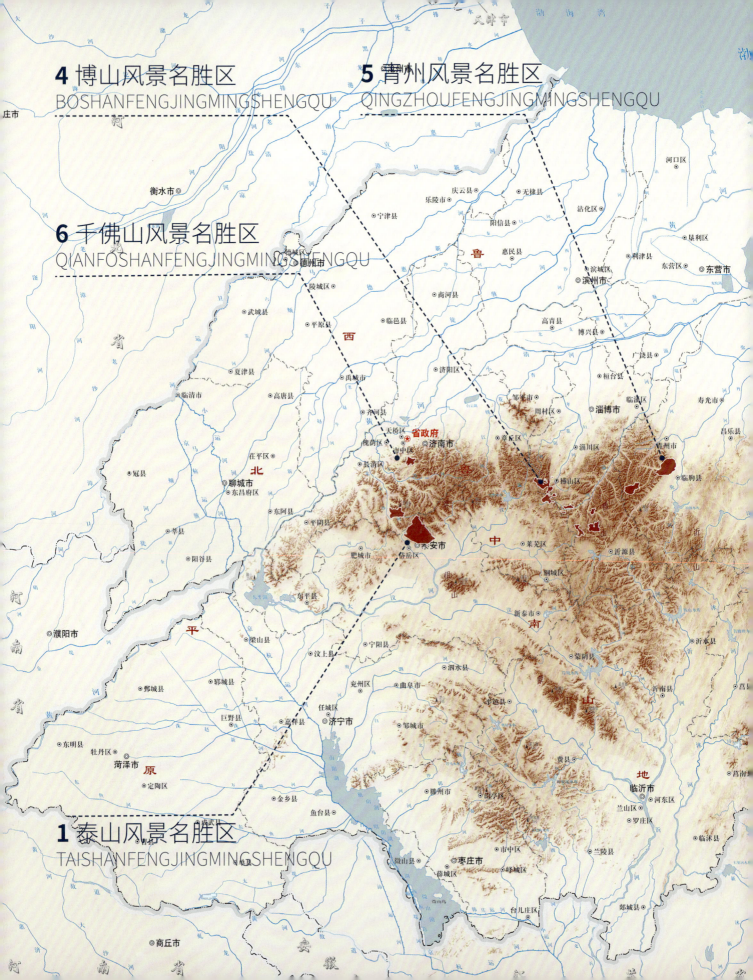

3 胶东半岛海滨风景名胜区
JIAODONGBANDAOHAIBINFENGJINGMINGSHENGQU

2 青岛崂山风景名胜区
QINGDAOLAOSHANFENGJINGMINGSHENGQU

　　山东省6处国家级风景名胜区。从区域位置而言，主要分布于鲁中南山地丘陵区和鲁东低山丘陵区；从景观类型来分包括两类，即山岳类和海滨海岛类，其中，泰山、青岛崂山、博山、青州和千佛山均属于山岳类风景名胜区，胶东半岛海滨风景名胜区属于海滨海岛类风景名胜区；从规模来分，泰山和青岛崂山为大型风景名胜区，胶东半岛海滨、博山和青州属于中型风景名胜区，千佛山属于小型风景名胜区。

　　这6处国家级风景名胜区各具特色，根据其资源类型与分布特点，概括起来有以下三大特色：交相辉映的山海景观，独具特色的资源禀赋；历史悠久的人文古迹，异彩纷呈的齐鲁文化；得天独厚的生态环境，特色突出的科考价值。

CONTENTS 目录

前言

01 泰山风景名胜区
TAISHANFENGJING MINGSHENGQU

泰山主景区 004

岱庙景区	006
红门景区	030
竹林寺景区	068
玉泉寺景区	086
桃花源景区	092
桃花峪景区	096
天烛峰景区	100
南天门景区	106
中天门景区	146

灵岩寺景区 ······ 166

蒿里山 – 灵应宫景区 ······ 184

02 青岛崂山风景名胜区
QINGDAOLAOSHANFENGJING MINGSHENGQU

崂山风景区 194

太清景区	196
华严景区	212
华楼景区	222
九水景区	230
巨峰景区	238
流清景区	252
仰口景区	254
北宅景区	264
登瀛景区	270

石老人风景区	272
市南海滨风景区	278
薛家岛风景区	304

03 | 胶东半岛海滨风景名胜区
JIAODONGBANDAOHAIBIN FENGJINGMINGSHENGQU

刘公岛景区·················316

蓬莱阁景区·················360

成山头景区·················370

04 | 博山风景名胜区
BOSHANFENGJING MINGSHENGQU

石门景区·················384

白石洞景区·················394

樵岭前景区·················400

五阳山景区·················406

开元溶洞景区·················410

鲁山景区·················414

05 青州风景名胜区
QINGZHOUFENGJING MINGSHENGQU

云驼片区 435

云门山景区·················· 437

驼山景区·················· 448

玲珑山景区·················· 458

昭阳洞片区 464

黄花溪景区·················· 466

06 千佛山风景名胜区
QIANFOSHANFENGJING MINGSHENGQU

千佛山景区·················· 474

佛慧山景区·················· 502

附录　　山东省国家级风景名胜区重要景源一览表······ 512

1 泰山风景名胜区
TAISHANFENGJINGMINGSHENGQU

①
②
③

泰山主景区

灵岩寺景区

蒿里山 – 灵应宫景区

泰山风景名胜区

TAISHAN FENGJING MINGSHENG QU

概述

泰山风景名胜区位于山东省泰安市泰山区红门路 45 号，包括泰山主景区、灵岩寺景区和蒿里山 – 灵应宫景区。其中，泰山主景区包括红门景区、中天门景区、南天门景区、天烛峰景区、桃花源景区、桃花峪景区、竹林寺景区、樱桃园景区、玉泉寺景区、岱庙景区、巴山景区。总面积 148.92 平方千米。地理坐标：

36°10′44.598″～36°23′13.735″ N，116°55′21.539″～117°9′6.595″ E。

泰山风景名胜区是 1982 年被国务院批准设立的第一批国家重点风景名胜区之一，是融合了帝王封禅、宗教神话、碑刻艺术等中国传统文化元素为主要景观的大型山岳型风景名胜区。

风景特点

泰山风景以壮丽著称。重叠的山势、厚重的形体、苍松巨石的烘托、云烟的变化，使它在雄浑中兼有明丽，静穆中透着神奇。同时，融合了以帝王封禅、宗教神话、碑刻艺术等中国传统文化元素为主的人文景观，形成了一个集历史文化、自然风光、地质奇观和谐于一体的大型山岳型风景名胜区。

资源价值

泰山相伴上下五千年的华夏文明传承历史，集国家兴盛、民族存亡的象征于一身，是中华民族的精神家园，东方文化的缩影，"天人合一"思想的寄托之地，承载着丰厚的地理历史文化内

涵，被古人视为"直通帝座"的天堂，成为百姓崇拜、帝王告祭的神山，有"泰山安，四海皆安"的说法。自秦始皇起至清代，先后有 13 代帝王依次亲登泰山封禅或祭祀，另有 24 代帝王遣官祭祀 72 次。山体上既有寺庙、宫、观等古建筑群 29 处，古遗址 128 处，有大小碑碣、摩崖石刻 2000 余处。泰山之景巍峨雄奇、幽奥俊秀，有石坞松涛、云海玉盘等美丽壮阔的自然景观。其历史文化、自然风光、地质奇观和谐融为一体，具有特殊的历史、文化、美学和科学价值。

泰山主景区

TANSHANZHUJINGQU

概述

泰山主景区包括红门景区、中天门景区、南天门景区、天烛峰景区、桃花

源景区、桃花峪景区、竹林寺景区、樱桃园景区、玉泉寺景区、岱庙景区、巴山景区等 11 个分景区。位于山东省泰安市泰山区红门路 45 号。泰山被喻为中华民族伟大崇高的象征,由古老的片麻岩构成的断块山地,崛起于华北大平原东缘的齐鲁丘陵上,主峰海拔 1545 米,为五岳之首,被誉为"五岳独尊"。

· 岱庙景区 ·

岱庙

DAIMIAO

所属景区：岱庙景区
所在位置：位于山东省泰安市泰山南麓
景源级别：特级景源
景源类型：人文景源 - 建筑 - 文物宗教建筑
地理坐标：36°11'40"N, 117°7'31"E

岱庙位于山东省泰安市泰山南麓，俗称东岳庙。始建于汉代，是历代帝王举行封禅大典和祭拜泰山神的地方。坛庙建筑是汉族祭祀天地日月山川、祖先社稷的建筑，体现了汉族作为农业民族文化的特点。

岱庙坊
DAIMIAOFANG

所属景区：岱庙景区
所在位置：位于遥参亭与岱庙之间
景源级别：特级景源
景源类型：人文景源 - 建筑 - 风景建筑
地理坐标：36°11'32"N, 117°7'32"E

遥参亭与岱庙之间是岱庙坊，又名玲珑坊，建于清康熙十一年（1672），为四柱三间三楼式牌坊，宽9.8米，进深3米，通高11.3米，高低错落，通体浮雕，造型雄伟，精工细琢，为清代石雕建筑的珍品。

岱庙唐槐

DAIMIAOTANGHUAI

所属景区：岱庙景区
所在位置：位于岱庙配天门西院
景源级别：特级景源
景源类型：自然景源 - 生景 - 古树名木
地理坐标：36°11′34″N，117°7′28″E

岱庙配天门西院有古槐一株，基径达 1.94 米，经考证系唐代遗植。明《泰山小史》记载："唐槐在延禧殿前，大可数抱，枝干荫阶亩许。"树旁立二石碑：其一是明代万历年间《甘一骥石碑》大书"唐槐"二字。

玉皇阁坊

YUHUANGGEFANG

所属景区：岱庙景区
所在位置：位于泰山区红门路东
景源级别：一级景源
景源类型：人文景源 - 建筑 - 风景建筑
地理坐标：36°12′13″N，117°7′26″E

  玉皇阁坊位于泰安市泰山区红门路东，建于清代，为双柱单门式石坊，方柱立于基石上，柱下施滚墩石，柱上施额枋、额板和过梁，上置五斗，五脊四注顶。浮雕筒瓦大脊、勾头、滴水，正脊上浮雕宝相花等纹饰，额题"玉皇阁""白鹤泉"。玉皇阁始建于明隆庆年间，早年已毁，仅存石坊。

岱庙碑刻

DAIMIAOBEIKE

所属景区：岱庙景区
所在位置：位于岱庙内
景源级别：特级景源
景源类型：人文景源 - 胜迹 - 摩崖石刻
地理坐标：36°11′41″N，117°7′33″E

  岱庙位于泰安市区内，是泰山最大、最完整的古建筑群，内有汉画像石48块，碑碣168块，是继西安、曲阜之后的全国第三座碑林，弥足珍贵！在168块碑碣中，有"天下第一石刻"《泰山秦刻石》，有寓意武后与高宗同治天下、恩爱如鸳鸯的《双束碑》，有青帝主泰山的唯一碑刻《青帝广生帝君赞碑》等。

铜亭

TONGTING

所属景区：岱庙景区
所在位置：位于岱庙后花园东侧
景源级别：特级景源
景源类型：人文景源 - 建筑 - 风景建筑
地理坐标：36°11'44"N，117°7'32"E

铜亭位于岱庙后花园东侧,又名金阙,明万历四十三年(1615)铸造。原在岱顶碧霞祠内,清初移于山下灵应宫,1972年移入岱庙。亭为铜铸仿木结构,造型优美,铸工精致,系明代铸造的艺术精品。它与北京颐和园铜亭、昆明鸣凤山铜亭并称"国内三大铜亭"。

遥参亭坊

YAOCANTINGFANG

名胜风景区

所属景区：岱庙景区
所在位置：位于遥参亭前
景源级别：一级景源
景源类型：人文景源 - 建筑 - 风景建筑
地理坐标：36°11'27"N，117°7'33"E

遥参亭坊位于遥参亭前，双龙池北。建于清乾隆三十五年（1770）。石坊为四柱门式，宽 9 米，高 5.8 米，四石柱均有石座，柱下部施滚墩石，上部有门楣、额板、回纹雀替。额板上题"遥参亭"，落款"乾隆三十五年"。中门额枋正中有三宝火焰纹珠，靠额板柱子两侧饰单浮云，柱顶端立望天吼兽。

双龙池
SHUANGLONGCHI

所属景区：岱庙景区
所在位置：位于遥参亭南邻
景源级别：一级景源
景源类型：人文景源 - 建筑 - 其他建筑
地理坐标：36°11'28"N，117°7'32"E

  双龙池位于泰安市市中心，东岳大街东段，通天街北首，遥参亭南邻，可谓是登山必观第一景点，始建于清光绪六年（1880）。双龙池由水池、栏板两部分组成，北面正中栏板内侧凹刻行书"龙跃天池"四字。池东西长 5.5 米，南北宽 3.56 米，深 2.4 米，池内东南、西北两角各有石雕龙头。

遥参亭

YAOCANTING

所属景区：岱庙景区
所在位置：位于岱庙入口
景源级别：一级景源
景源类型：人文景源 - 建筑 - 风景建筑
地理坐标：36°11′31″N, 117°7′32″E

　　遥参亭是岱庙建筑群南北轴线上的第一组建筑，实为岱庙的入口。自此向北轴线直抵泰顶的"南天门"，古代帝王凡有事于岱宗，均先在此"草参"，再入庙祭祀。遥参亭前临御街，清乾隆三十五年在门前建造石坊，额上刻字"遥参亭"。

岱庙汉柏，位于泰安岱庙之汉柏院中，为汉武帝封禅泰山所植8棵柏树之一，今存6棵，汉柏为最古，树龄约2100年。如今岱庙尚存汉柏6棵，分别名曰"汉柏连理""赤眉斧痕""古柏老桧""岱峦苍柏""挂印封侯"和"昂首天外"。

汉柏六株
HANBAILIUZHU

所属景区：岱庙景区
所在位置：位于泰安岱庙之汉柏院中
景源级别：一级景源
景源类型：自然景源 - 生景 - 古树名木
地理坐标：36°11'35"N，117°7'34"E

汉柏连理

又名连理柏,《水经注》载:"盖汉武帝所植也"。距今已有 2100 多年。此柏为岱庙标志性景观之一。

赤眉斧痕

传为汉武帝所植，历经 2000 余年，至今仍生长旺盛，青翠欲滴，北魏郦道元《水经注》曾记载："赤眉尝所一树，见血而止"，即指此树，现树下仍有一处砍伐痕迹，并有红色浸染，树也因此得名"赤眉斧痕"，现为庙古柏八景之一。

宋天贶殿

SONGTIANKUANGDIAN

所属景区：岱庙景区
所在位置：位于岱庙仁安门北侧
景源级别：一级景源
景源类型：人文景源 - 建筑 - 文物宗教建筑
地理坐标：36°11'41"N，117°7'30"E

宋天贶殿位于岱庙仁安门北侧，是岱庙中的主体建筑，传为宋代创构。元称仁安殿，明称峻极殿，民国始称今名，缘自宋真宗假造"天书"之事。殿主祀东岳大帝。殿前露台高筑，汉白玉雕栏环绕，云形望柱齐列，玉阶曲回，气象庄严。

正阳门
ZHENGYANGMEN

所在景区：岱庙景区
所在位置：位于岱庙南门
景源级别：二级景源
景源类型：人文景源—建筑—文物宗教建筑
地理坐标：36°11'32"N，117°7'31"E

泰山岱庙有八门。南向五门，即中为正阳，两侧为掖门；掖门两侧，东为仰高，西为见大。东门名东华，又称青阳；西门名西华，又称素景；北门名厚载，又称鲁瞻。各门之上均有楼，前门称五凤楼，后门称望岳楼。庙墙四角有角楼，按八卦各随其方而名：东北为艮，东南为巽，西北为乾，西南为坤。

　　门楼、角楼均于民国年间毁坏。1985 年重建正阳门和五凤楼，黄瓦盖顶，点金彩绘，富丽堂皇，高耸巍峨。1988—1989 年重建巽、坤二楼，五彩斗拱，飞檐凌云。

厚载门
HOUZAIMEN

所在景区：岱庙景区
所在位置：位于岱庙北门
景源级别：二级景源
景源类型：人文景源—建筑—文物宗教建筑
地理坐标：36°11′45″N，117°7′29″E

  始建于宋祥符二年（1009），明称后宰门，也称鲁瞻门，是岱庙的北门。厚载，取自《易·坤》所说的"坤厚载物"，即大地因广厚而能载万物之意。厚载门上城楼名望岳阁，登临眺望可一览泰山雄姿。厚载门是岱庙的最后一道门，是1984年重建的。门上有"望岳阁"三间，黄瓦明廊，红柱隔扇，犹如空中琼阁。站在阁上仰望岱岳雄姿，青山绕白云，绿树生轻烟，天门云梯宛若游龙浮挂天边。

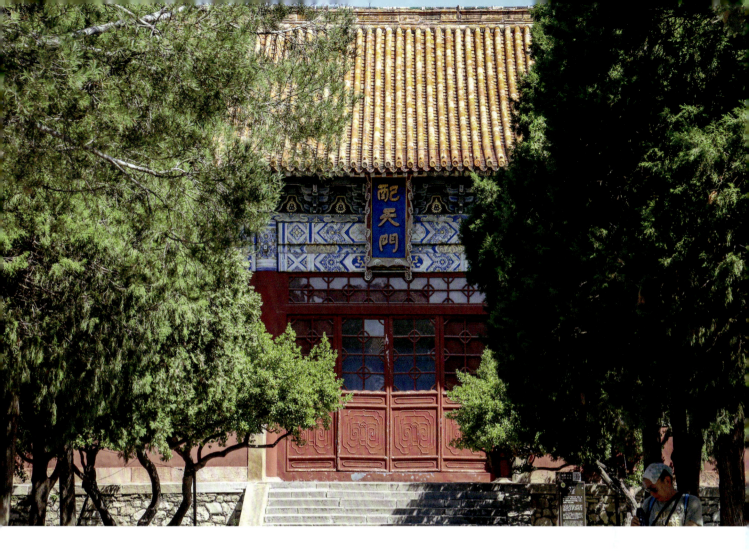

配天门

PEITIANMEN

所在景区：岱庙景区
所在位置：位于岱庙内
景源级别：二级景源
景源类型：人文景源—建筑—文物宗教建筑
地理坐标：36°11′35″N，117°7′31″E

  岱庙第二道门，取孔子语"德配天地"而得名。

  帝王来岱庙祭祀时，于此门前降舆，入门内黄帷少憩，并净手而入仁安门。建筑为单檐歇山式，面阔五间，进深三间。殿内旧祀青龙、白虎、朱雀、玄武四方星宿。两侧配殿，东为三灵侯殿，西为太尉殿。分置于配天门前的两尊铜狮，系明万历年间铸造。

· 红门景区 ·

王母池
WANGMUCHI

所属景区：红门景区
所在位置：位于虎山水库南
景源级别：特级景源
景源类型：自然景源 - 水景 - 井泉
地理坐标：36°12'23"N，117°7'32"E

"朝饮王母池，暝投天门关。"这是唐代诗人李白在《泰山吟》中描写王母池的诗句，王母池古称群玉庵，又名瑶池，为三进式庙宇建筑，临溪而建，依山傍水，面城南向，密林掩映，溪泉潺潺。

关帝庙

GUANDIMIAO

所属景区：	红门景区
所在位置：	位于泰山岱宗坊北
景源级别：	特级景源
景源类型：	人文景源 - 建筑 - 文物宗教建筑
地理坐标：	36°12′32″N, 117°7′20″E

关帝庙又称关帝祠、山西会馆，位于泰山岱宗坊北，创建年代无考，明清曾多次整修。庙依山层层叠起，错落有致，红墙青瓦，掩映在绿林丛中。主要建筑有山门、戏台、拜棚、正殿、过厅、东西厢房等。正殿中原祀关羽像，已毁。院中有汉柏一株，树冠覆荫60余平方米，堪称一绝。

汉柏第一
HANBAIDIYI

所属景区： 红门景区
所在位置： 位于关帝庙内
景源级别： 特级景源
景源类型： 自然景源 - 生景 - 古树名木
地理坐标： 36°12′34″N，117°7′20″E

桧柏，传为汉武帝封禅泰山时所植。树高 7 米，胸径 1.2 米，冠幅 16 米，蹲踞苍古，干枝横卧斜逸，扭曲连环，气象峥嵘，于世少见，遂称汉柏第一。且因一本三枝又有结义柏之称。

孔子登临处坊

KONGZIDENGLINCHUFANG

名胜景区	
所属景区：	红门景区
所在位置：	位于一天门北
景源级别：	特级景源
景源类型：	人文景源 - 建筑 - 风景建筑
地理坐标：	36°12′38″N，117°7′19″E

　　孔子登临处坊位于一天门北，为四柱三门式跨道石坊，古藤掩映，典雅端庄，明嘉靖三十九年（1560）始建。坊两侧分立两碑，东为明嘉靖间济南府同知翟涛题"登高必自"碑，西为巡抚山东监察御史李复初题"第一山"碑。北侧为两柱单门的"天阶"坊。孔子登临处额题"孔子登临处"五个大字。

红门宫
HONGMENGONG

红门宫创建年代无考。宫前建有"一天门""孔子登临处""天阶"三重石坊；宫内分东西两院，东院正殿三间，原为道教殿堂，后曾供奉弥勒佛，俗称弥勒佛殿，另有过亭和更衣亭各三间；西院正殿三间，为祀奉泰山女神碧霞元君之所，殿南有合云亭，殿右有且止亭。两院间高阁名曰"飞云阁"，阁下为拱门，登山通道穿行其间。整个宫内冬青滴翠，牡丹艳丽，红绿掩映，古意盎然；举首远望，泰安风光尽收眼底，每日晨曦辉映半山，景色极为壮丽，被称为泰山"红门晓日"胜景。

所属景区：红门景区
所在位置：位于王母池西北
景源级别：特级景源
景源类型：人文景源-建筑-文物宗教建筑
地理坐标：36°12′37″N，117°7′18″E

斗母宫
DOUMUGONG

所属景区：红门景区
所在位置：位于中天门南，红门景区中段
景源级别：特级景源
景源类型：人文景源 - 建筑 - 文物宗教建筑
地理坐标：36°13'15"N，117°6'59"E

斗母宫是泰山景区中最为幽静的所在。斗母宫古名"龙泉观"，它临溪而建，分为北、中、南3院，山门面西。钟鼓二楼直接建于宫门两旁并与山门连在一起，来到斗母宫，北看天门依然高挂，遥遥不可及；南望来路，一些低峰矮山却尽在脚下。

经石峪位置在泰山斗母宫东北,有岔路盘道相通,过漱玉桥、高山流水亭、神聆桥即至。峪中有缓坡石坪,上刻隶书《金刚经》,俗称晒经石,明隆庆年间万恭书刻"曝经石",是中国现存规模最大的佛经摩崖刻石,俗称晒经石。经文刻于面积2064平方米的缓坡石坪上,自东而西刻《金刚般若波罗蜜经》。经刻历千余年风雨剥蚀、山洪冲击、游人践踏、捶拓无度,已残泐磨灭过半,现仅存经文41行1069字(包括可认读的残字和双勾字)。

四槐树
SIHUAISHU

所属景区：红门景区
所在位置：位于柏洞盘道两侧
景源级别：特级景源
景源类型：自然景源 - 生景 - 古树名木
地理坐标：36°13′59″N，117°6′36″E

四槐树位于壶天阁与柏洞的中间位置，原是4棵古槐树，相传为唐代鲁国公程咬金所手植，至今已有1300多年的历史，目前仅剩一株存活。其中两株民国前已枯死。

万仙楼
WANXIANLOU

名胜风景区

所属景区：红门景区
所在位置：位于泰山中麓红门宫北
景源级别：一级景源
景源类型：人文景源 - 建筑 - 文物宗教建筑
地理坐标：36°12'50"N, 117°7'13"E

万仙楼位于山东省泰安市境内的泰山中麓红门宫北,又名望仙楼。是跨道门楼式建筑,创建于明万历四十八年(1620),保存了清代建筑风格。原供祀王母,后来祀奉碧霞元君。传为泰山群仙聚会、议事讲经的地方。

红门

HONGMEN

所属景区：红门景区
所在位置：位于红门宫北侧
景源级别：一级景源
景源类型：人文景源 - 建筑 - 文物宗教建筑
地理坐标：36°12′39″N，117°7′18″E

泰山红门位于岱宗坊北，红门路北首，东临中溪，西靠大藏岭。宫因岭南崖有红石如门而名，创建时间无考，明清时重修。庙分东西两院，东为弥勒院，西为红门宫，中由飞云阁相连。东院正殿原祀木雕弥勒佛，1966年损毁；东有穿堂式更衣亭，旧时帝王官宦登山至此更衣，今为茶室；南有穿堂式过庭。西院为元君庙。其正殿原祀元君及送生娘娘、眼光奶奶，今置九莲菩萨铜像；西有且止亭，今为泰山风光摄影展室；南为穿堂式茶亭。正殿后是禅房院及东西配房。飞云阁原祀观音大士，今为赏景台。

三义柏

SANYIBAI

所属景区：红门景区
所在位置：位于泰山中路万仙楼台阶下东侧
景源级别：一级景源
景源类型：自然景源 - 生景 - 古树名木
地理坐标：36°12′50″N，117°7′13″E

  三义柏位于在山东省泰安市泰山中路万仙楼台阶下东侧，有 300 多年生的古柏三株，由南向北，长次分明，并列而生，由此得名。

  南者为长，胸围 282 厘米；中者为次，胸围 253 厘米；北者为三，胸围 201 厘米。三株古柏树姿端庄秀丽，人们将其寓意为三国时刘备、关羽、张飞桃园三结义，因而取名"三义柏"，期待友谊长存。

  三义柏下有全国人民为庆贺千禧龙年时而制作的"千年和平钟"，祈盼在新的千年里世界和平繁荣，由全国政协副主席程思远等题刻铭文。

卧龙槐
WOLONGHUAI

所属景区：红门景区
所在位置：位于斗母宫门口
景源级别：一级景源
景源类型：自然景源 - 生景 - 古树名木
地理坐标：36°13′16″N，117°6′58″E

  卧龙槐位于斗母宫门口，树干平卧山坡，侧枝平卧生根，南北相距8米余，根际盘曲，树冠仰起，宛如卧龙翘首，古拙离奇，形体若飞，俗称卧龙槐，富有情趣，为游客所赞誉。

高山流水亭
GAOSHANLIUSHUITING

所属景区：红门景区
所在位置：位于泰山风景区斗母宫东北
景源级别：一级景源
景源类型：人文景源·建筑·风景建筑
地理坐标：36°13′28″N，117°7′1″E

  在泰山风景区斗母宫东北，经石峪西炮高岭上，有一座石亭，名为高山流水亭。该石亭为明代隆庆六年（1572）兵部侍郎万恭所建。万恭，南昌人，隆庆年间督理河工，登泰山，游岱麓，见此处大字雄奇，景色别致，依高山，临流水，遂建"高山流水之亭"。

三官庙
SANGUANMIAO

所属景区：红门景区
所在位置：位于泰山中麓斗母宫之上
景源级别：一级景源
景源类型：人文景源 - 建筑 - 文物宗教建筑
地理坐标：36°13'19"N，117°6'57"E

  三官庙位于泰山中麓斗母宫之上。由山门、钟鼓楼、东西配殿、大殿组成。面积 780 平方米。三官庙建在主峰半山腰绝壁上，气势宏伟。庙中奉祀民间信仰的三元大帝上元天官、中元地官、下元水官。庙创建无考，明毁于兵。清初行僧方於重建殿宇，得到当时勋臣蔡士英家族的资助，庙貌复新。三元庙悬于半空，山门台阶共有 53 级，俗称五十三参。

回马岭坊
HUIMALINGFANG

所属景区：红门景区
所在位置：位于壶天阁之上，中天门之下
景源级别：一级景源
景源类型：人文景源-建筑-风景建筑
地理坐标：36°14'6"N，117°6'30"E

　　回马岭位于泰山登山中路的中段，壶天阁之上，中天门之下，海拔800米，古名石关、瑞仙岩。这里山重水复，峰回路转，景色十分优美。现有石坊一座，额刻"回马岭"三字，东西崖勒刻清乾隆帝《回马岭》诗三首，是泰山风景名胜区著名景点。

壶天阁
HUTIANGE

所属景区：红门景区
所在位置：位于泰山中路回马岭下
景源级别：一级景源
景源类型：人文景源 - 建筑 - 文物宗教建筑
地理坐标：36°14'5"N，117°6'31"E

　　壶天阁位于泰山中路回马岭下，明嘉靖年间称升仙阁，乾隆十二年拓建改名壶天阁，取自道家以壶天为仙境之意，1979 年重建阁楼。壶天阁跨盘道而建，为城门楼式。门洞上镶石匾额"壶天阁"，是乾隆帝登泰山时所题。

药王殿
YAOWANGDIAN

所属景区：红门景区
所在位置：位于泰山海拔约 800 多米处
景源级别：一级景源
景源类型：人文景源 - 建筑 - 文物宗教建筑
地理坐标：36°14′8″N，117°6′32″E

药王殿坐落在泰山海拔 800 多米的地方，又名金星亭，建造年代已无从考证，坍塌以后由清朝著名建筑师魏祥重建于道光年间。现在的建筑是 1981 年再次重修的。

三大士殿
SANDASHIDIAN

所属景区：红门景区
所在位置：位于泰山南麓
景源级别：一级景源
景源类型：人文景源 - 建筑 - 文物宗教建筑
地理坐标：36°14′8″N，117°6′31″E

泰山观音庙位于泰山南麓，观音殿又称作三大士殿，此殿创建年代无考，明、清均曾重修，后荒废，20 世纪 80 年代重建。殿内供奉的是大慈大悲的观世音菩萨、文殊菩萨、普贤菩萨。

一天门

YITIANMEN

所属景区：红门景区
所在位置：位于泰山红门宫南的盘道上
景源级别：特级景源
景源类型：人文景源-建筑-风景建筑
地理坐标：36°12'37"N，117°7'19"E

  一天门位于红门宫南的盘道上，明代建，参政龙光题额，清康熙五十六年（1717）重建，巡抚都察院李树德题额"一天门"。两侧有明代人题"天下奇观"及"盘路起工处"大字碑。岱宗坊是泰山的山门，一天门则是天梯的开始，游人们由人间已渐渐进入天界。

东御道
DONGYUDAO

所属景区：红门景区
所在位置：位于泰山东麓
景源级别：特级景源
景源类型：人文景源 - 胜迹 - 遗址遗迹
地理坐标：36°14'20"N，117°6'31"E

东御道位于泰山东麓，它并非是一条平坦的大道，而是泰山众多溪谷中一个比较开阔的溪谷。沿着蜿蜒曲折的溪谷进山，就能一直爬到玉皇顶。据史书记载，汉武帝刘彻曾八次到泰山封禅告祭，因其选择泰山东麓骑马登山，即取东为首，气东升，国家昌盛之意，又兼地势平缓易于攀登。现在的东御道始于泰山东麓的上梨园村，位于汉明堂的西北方向。

三潭叠瀑

SANTANDIEPU

所属景区：红门景区
所在位置：位于东母宫东侧
景源级别：二级景源
景源类型：自然景源 - 水景 - 跌水瀑布
地理坐标：36°13'16"N，117°6'70"E

在泰山地区，由于地形高峻，河流短小湍急，侵蚀力强，河道受断层控制，因而多跌水瀑布。在斗母宫东涧内，由三个小跌水组成的三潭叠瀑，每级落差3米，潭瀑相连，颇具特色，因瀑流如龙飞舞，人们又称它为"飞龙涧"。

三叠瀑布的形成与新构造运动的间歇性抬升、河流的侵蚀作用、岩石中发育的垂直节理有关。每当夜深人静之时，明月高悬，便会出现三潭印月的奇观，有"小三潭印月"的美称。潭的北侧有巨石，上书袁世凯少子袁克文的题刻"流水音"。游人至此，听泉观瀑，品茗赏月，醉心涤虑，流连忘返。清代泰安知府宋思仁曾在《斗母宫诗》中颂道："满涧松荫尘不到，夜深风雨有龙归。"

斗母宫坊
DOUMUGONGFANG

所在景区：红门景区
所在位置：位于斗母宫南
景源级别：二级景源
景源类型：人文景源—建筑—风景建筑
地理坐标：36°13'11"N，117°6'59"E

斗母宫坊为双柱单门石坊，跨盘道而立，南额题"斗母宫"，坊阴额题"斗姥坊"三字，"斗姥（mu）"为旧时的称谓。此坊为1994年"登天工程"时新建的。

高老桥
GAOLAOQIAO

所在景区：红门景区
所在位置：位于泰山景区斗母宫之北
景源级别：二级景源
景源类型：人文景源—建筑—其他建筑
地理坐标：36°13'17"N，117°6'57"E

位于泰山景区斗母宫之北，属古建筑中的桥涵码头类。桥为双洞石桥，长5.59米有余，宽5.81米，桥墩高3.06米，建筑面积为32.5平方米。桥面为条石铺就，桥栏为条石垒砌，桥中部下砌方形石墩。在桥南头有石质旗杆座一对。

碧霞灵应宫

BIXIALINGYINGGONG

所在景区：红门景区
所在位置：位于经石峪返回主盘道上
景源级别：二级景源
景源类型：人文景源—建筑—文物宗教建筑
地理坐标：36°13′33″N，117°6′51″E

  沿泰山景区前山中路，过经石峪，穿"水帘洞"牌坊，即到。该处行宫名曰"碧霞灵应宫"，区别于泰安城中的"泰山灵应宫"，二者所祀神祇相同，但位置不同。该处仅宫殿一间，主祀碧霞元君，据旁边的石碑《重修碧霞灵应宫记》的碑文落款时间为"明弘治十年岁次丁巳冬十月吉日"，明朝此时谓之"重修"，说明在此之前就已建成。

  曾有说法，岱顶"碧霞祠"为上庙，此处"碧霞灵应宫"为中庙，山脚"红门宫"为下庙；但也有说法称，上中下三庙不包括此处，岱顶"碧霞祠"为上庙，山脚"红门宫"为中庙，泰安城中"泰山灵应宫"为下庙。不一而足，且后一种说法居多。

万笏朝天
WANHUCHAOTIAN

所在景区：红门景区
所在位置：位于经石峪向上，过水帘洞不远
景源级别：二级景源
景源类型：自然景源—地景—地质珍迹
地理坐标：36°13'33"N，117°6'50"E

从经石峪向上，过水帘洞不远，就到"万笏朝天"的石刻处，在路西旁见到一块块峻峭的巨石朝天而立，看上去颇像古代朝廷里大臣朝见皇帝时手持的狭长笏板，故喻之为"万笏朝天"。

此处出露的岩石，是泰山杂岩中的中薄层细粒条纹状混合岩化角闪斜长片麻岩，主要的矿物成分为斜长石、石英和角闪石，同时，岩石中还发育有较多的长石、石英质的灰白色条纹。

东西桥
DONGXIQIAO

所在景区：红门景区
所在位置：位于泰山景区斗母宫之北
景源级别：二级景源
景源类型：人文景源—建筑—其他建筑
地理坐标：36°13'17"N，117°6'57"E

过仙桥又名登仙桥，俗称东西桥子，位于斗母宫北。桥为双洞石桥，长 5.59 米，宽 5.81 米，桥墩高 3.06 米。中砌方石墩，两侧用条石垒砌，桥面用厚条石平铺。桥南有旗杆座一对。

总理奉安纪念碑

ZONGLIFENGANJINIANBEI

所在景区：红门景区
所在位置：位于泰山东麓，在柏洞与歇马崖之间
景源级别：二级景源
景源类型：人文景源—建筑—纪念建筑
地理坐标：36°13′50″N，117°6′42.503″E

　　总理奉安纪念碑位于泰山东麓，在柏洞与歇马崖之间的盘道东侧。1929年，山东人民为纪念孙中山灵柩移葬南京而建。碑由碑座、碑体和碑首三部分组成，碑座两层，下层呈五棱台形，上沿抹角内收，上层弧形内收，高共1.06米。

老君堂
LAOJUNTANG

所在景区：红门景区
所在位置：位于王母池西侧
景源级别：二级景源
景源类型：人文景源—建筑—文物宗教建筑
地理坐标：36°12′24″N，117°7′27″E

  泰山老君堂始建于唐初，原为泰山"岱岳观"建筑群的一部分，距今已有 1400 年的历史。早在唐代，皇室将老子李耳尊为宗祖，崇奉太上老君。唐代六帝一后也先后亲临东岳，建老君堂、修斋建醮造像，并为之累加尊号。唐高宗尊其为"太上玄元皇帝"，唐玄宗三上尊号，称其为"大圣祖高上大道金阙玄元皇大帝"。时至今日，老君堂香客络绎不绝，烟火持续不断。堂前有古银杏树一株，为泰山古树名木，至今生机勃勃。

涤尘泉
DICHENQUAN

所在景区：红门景区
所在位置：位于王母池庙西南 50 米
景源级别：二级景源
景源类型：自然景源—水景—井泉
地理坐标：36°12′22″N，117°7′29″E

涤尘泉为著名泰山名泉，位于王母池庙西南 50 米、老君堂东南 80 米、先秦著名旅游地理著作《山海经》记载的泰山古环水之右。地处泰山丽区，山岩裂隙水流出而成泉。泉水清澈甘甜，饮之有洗尘涤滤之感。

涤尘泉历代地方志书、泰山文献均有记载，但民国后失迷，泉名也随之在景点中消失，仅仅能在史书中看到。

八仙桥
BAXIANQIAO

所在景区：红门景区
所在位置：位于岱麓王母池畔
景源级别：二级景源
景源类型：人文景源—建筑—其他建筑
地理坐标：36°12′22″N，117°7′32″E

八仙桥虹架于梳洗河上，位于岱麓王母池畔，桥东飞龙峰，峰下吕祖洞，传系吕洞宾修炼成仙之所，洞口有副情景交融的对联"五夜慧灯山送月，四时清籁水吟风"，洞内还有两首打油诗，说是吕洞宾所作，漫不可考。吕洞宾是八仙之一，八仙者，历人间万苦而得道之人，位列仙，逊神一筹。

王母池蜡梅

WANGMUCHILAMEI

所在景区：红门景区
所在位置：位于王母池内
景源级别：二级景源
景源类型：自然景源—生景—古树名木
地理坐标：36°12′24″，N117°7′32″E

在王母池有距今300多年的两棵清代栽植的蜡梅树，每到寒冬腊月雪花飘逸时，蜡梅就如期绽放，花如蜜蜡，花瓣金黄，花心呈红色，是本地最大、最古老的蜡梅树。

风月无边
FENGYUEWUBIAN

所在景区:红门景区
所在位置:位于斗母宫南
景源级别:二级景源
景源类型:人文景源—胜迹—摩崖石刻
地理坐标:36°13'6"N, 117°7'2"E

"风月无边"刻石,这实际是个拆字游戏,"虫二"是"風月"二字拆去边框所得,隐喻"风月无边"之意,用来形容这里风景优美,吸引游人驻足观赏猜度字谜奥妙。所表现出的真正内涵,是说泰山风光的幽静秀美和雄浑深远,这样的书法构思可谓精深独特,别出心裁。寓意中的"风月",是清风明月之意,指景色清雅秀丽。

辉绿玢岩
HUILÜFENYAN

所在景区:红门景区
所在位置:泰山地质景观
景源级别:二级景源
景源类型:自然景源—地景—地质珍迹
地理坐标:36°13'6"N, 117°7'2"E

17.6亿年前岩浆沿着25亿年前形成的中天门岩体(石英闪长岩)的裂缝上涌并固结成辉绿玢岩。由于源于地壳浅部的岩浆温度下降迅速,岩浆凝固快,所以岩石颗粒较细,与周围的岩石有着明显的界线。这种现象告诉我们,被冲断的岩石老,穿插其中的岩石新。

梳洗河

SHUXIHE

所在景区：红门景区
所在位置：位于王母池东侧
景源级别：二级景源
景源类型：自然景源—水景—溪流
地理坐标：36°12'22"N，117°7'32"E

梳洗河是旅游名城泰安的七大河流之一,最早见之于《山海经》中,称之为环水,又名中溪,源于泰山中天门下。全长 13.2 千米,流域面积 26 平方千米。

普照寺

PUZHAOSI

· 竹林寺景区 ·

普照寺，位于岱麓凌汉峰下，秀峰环抱，翠柏掩映亭殿楼阁，气象峥嵘。清人有"门前几曲流水，寺后千寻碧峰。鸟语溪声断续，山光云影玲珑"的赞咏。普照寺取"佛光普照"之意，传为六朝时建，后历代皆有拓修。寺院以大雄宝殿、摩松楼为中轴，形成三进式院落。两侧配以殿庑、禅房和花园等。

普照寺，沿阶而上为三院，中为大雄宝殿，五脊硬山顶三开间，前后廊式，端庄雄伟，内供释迦牟尼鎏金趺坐铜像。东西配殿各3间，院内银杏双挺，油松对生，并有清道光年间（1821—1850）住持僧明睿及弟子所造双檐盖罩铁香炉1尊。大殿东西侧有垂花门通后院。

后院有著名的"六朝松"，古松粗达数抱，枝密盘曲四伸，树冠如盖。上有摩松楼，可摩顶观松；松下有"筛月亭"，取"古松筛月"之意。亭居高台，方形，四檐飞翘，四柱均有楹联。亭下有方形石桌，敲击四角和中央，则发出清脆如磬的五种声音，因名"五音石"。中轴线之东，有禅院和石堂院；之西为菊林院，山房门额悬"菊林旧隐"横匾，院内有"一品大夫"松。清代主持僧元玉是位颇有成就的诗僧，别号"石堂老人"，著有《石堂文集》，其时遍植菊花，号称"菊圃"。今寺东南尚有其墓塔遗址。

所属景区：竹林寺景区
所在位置：位于泰山南麓的凌汉峰下
景源级别：特级景源
景源类型：人文景源 - 建筑 - 文物宗教建筑
地理坐标：36°12′33″N，117°6′35″E

西溪石亭

XIXISHITING

所属景区：竹林寺景区
所在位置：位于泰山西溪，百丈崖之下
景源级别：一级景源
景源类型：人文景源 - 建筑 - 风景建筑
地理坐标：36°13'5"N，117°5'44"E

西溪石亭位于泰山西溪，百丈崖之下，黑龙潭之上。亭全石结构，三面石壁，唯辟一门二窗于北面，若非攒尖之顶，与石屋无异。

五贤祠
WUXIANCI

所属景区：竹林寺景区
所在位置：位于普照寺西北
景源级别：一级景源
景源类型：人文景源 - 建筑 - 文物宗教建筑
地理坐标：36°12'40"N，117°6'27"E

五贤祠位于普照寺西北。祠东有投书涧，西有香水峪，溪水环流，山石林立。

扇子崖

SHANZIYA

所属景区：竹林寺景区
所在位置：位于泰山西溪西侧
景源级别：一级景源
景源类型：自然景源 - 地景 - 奇峰
地理坐标：36°12'34"N，117°6'34"E

　　扇子崖位于泰山西溪西侧。这里奇峰突兀,高耸峻峭,形如扇面,故得名。崖上有明人题刻摩崖石刻"仙人掌"。崖西有铁梯,登顶可北眺龙角山,西望傲徕峰,东俯龙潭水库,风景美不胜收。扇子崖山势峻险,风光独特,是规划登山探险线路中穿越难度较大的低山游览景点。

滦州起义革命烈士祠
LUANZHOUQIYIGEMINGLIESHICI

所属景区：竹林寺景区
所在位置：位于荷花荡东岸
景源级别：一级景源
景源类型：人文景源 - 胜迹 - 纪念地
地理坐标：36°12'39"N, 117°6'43"E

　　烈士祠在荷花荡东岸，东西夹涧，绿树浓荫，僻静幽雅。冯玉祥于1933年为纪念辛亥革命时期滦州起义将领王金铭、施从云、郭茂宸、郑振堂等烈士而建。

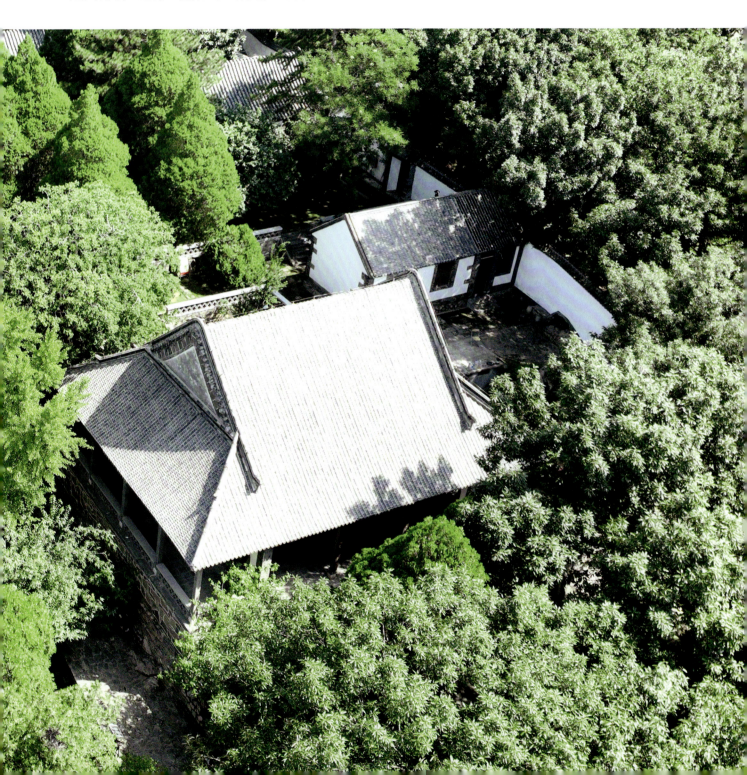

三阳观

SANYANGGUAN

所属景区：竹林寺景区
所在位置：位于泰山五贤祠北凌汉峰山腰
景源级别：一级景源
景源类型：人文景源 - 建筑 - 文物宗教建筑
地理坐标：36°12'56"N，117°6'21"E

　　三阳观位于山东泰山五贤祠北凌汉峰山腰。这里松柏葱茂，麻栎蓊蔚，泉石铿然，幽奥静僻。明嘉靖三十年（1551），东平道士王三阳携徒来此"伐木剃草，凿石为窟以居"，明于慎行为之记："入门三重，得蹬道而上，有殿有阁。又左为客寮四楹，以待游觌。"后"稍稍营葺庐居"名三阳庵。

无极庙
WUJIMIAO

所在景区：竹林寺景区
所在位置：位于竹林寺南
景源级别：二级景源
景源类型：人文景源—建筑—文物宗教建筑
地理坐标：36°12′24″N，117°7′27″E

　　庙由山门、正殿、东西配殿和禅房组成。山门联曰："天台岩下藏五百，须弥顶上隐三千。"院内石筑正殿三间，门额"太虚灵妙"，楹联称："玉楼琼华高山阆苑，青琳翠水俯视昆仑。"东间前窗额称："泰岳仙宗"，联语："涵阴育阳，两仪之始；开天辟地，万法所宗。"西窗额"乾坤正体"，联曰："普降甘霖，慈云垂荫；宏开觉路，宝月增辉。"正殿前有东西配殿各三间，西院为禅房院，有西屋、南屋各三间。

长寿桥
CHANGSHOUQIAO

所在景区：竹林寺景区
所在位置：位于泰山黑龙潭上
景源级别：二级景源
景源类型：人文景源—建筑—其他建筑
地理坐标：36°13'13"N，117°5'45"E

  长寿桥位于山东泰安市泰山黑龙潭上，似龙潭横生一道浓眉，与游人传情；如山涧跃出一条彩虹，为龙潭增姿加色。桥身朱红，与两岸青山相映成趣；人行其上，鸟瞰龙潭胜景，纵观西溪豁达之秀色，美不胜收，引人注目。

长寿桥亭

CHANGSHOUQIAOTING

所在景区：竹林寺景区
所在位置：位于长寿桥两端
景源级别：二级景源
景源类型：人文景源—建筑—其他建筑
地理坐标：36°13′13″N，117°5′44″E

长寿桥亭位于桥两端，于1925年张培荣建无极庙时所建，1965年从无极庙移此。东为云水亭，西为风雷亭，均建在方形石台基上。全石四柱方形，边长2.5米，通高4米，方柱上置角梁、扶角梁、坊等，四层叠涩，中盖一方石，上雕束腰莲蓬式宝顶。攒尖顶四角脊突出，浮雕屋面、瓦垄、勾头、滴水。柱间施连接枋和雀替。原立三亭，另一亭移于建岱桥北，形式与此同。

黑龙潭

HEILONGTAN

所在景区：竹林寺景区
所在位置：位于山东泰山白龙池北
景源级别：二级景源
景源类型：自然景源—水景—潭池
地理坐标：36°13'6"N，117°5'44"E

  黑龙潭位于山东泰山白龙池北。潭北是东百丈崖，瀑流下泻直冲崖下石穴。石穴因常年溪水撞击，腹大口小，形若瓦坛，深广数丈，附会与东海龙宫相通，故名。潭西有西百丈崖，西南有南百丈崖。每逢夏秋之际，阴雨连绵，3条瀑流犹如玉龙从崖巅凌空而降，古称"云龙三现"。

洗心亭

XIXINTING

所在景区：竹林寺景区
所在位置：位于五贤祠东侧
景源级别：二级景源
景源类型：人文景源—建筑—风景建筑
地理坐标：36°12′40″N，117°6′28″E

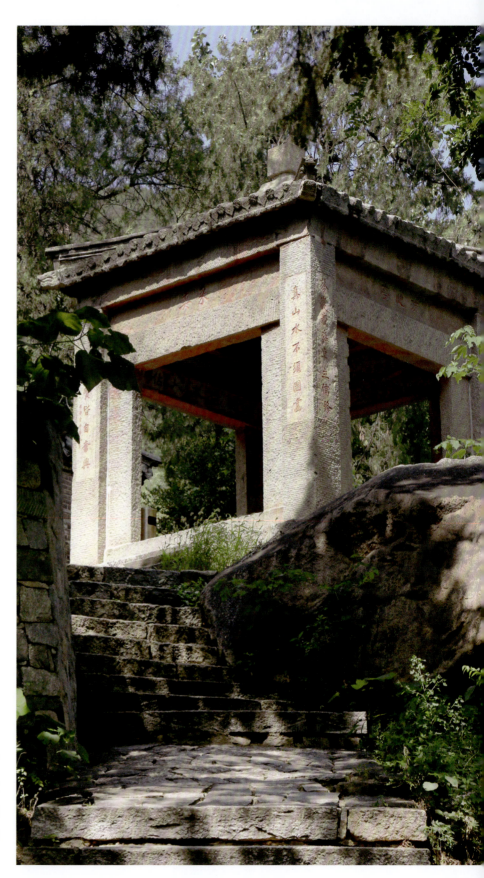

　　洗心亭在五贤祠东侧，清嘉庆二年（1797）泰安知府金棨重修五贤祠时创建了一座四角攒尖方亭，取读书可洗心之意而名"洗心亭"。

筛月亭
SHAIYUETING

所在景区：竹林寺景区
所在位置：位于普照寺内
景源级别：二级景源
景源类型：人文景源—建筑—风景建筑
地理坐标：36°12'34"N，1117°6'35"E

　　筛月亭位于山东省泰安市泰山西溪景区千年古刹普照寺内，地处北院中的一个亭子，是泰安市现存的数座古亭中较为著名的一座。该亭建于清代道光年间（约1821年后），后经过多次重修。

元始天尊庙

YUANSHITIANZUNMIAO

所在景区：竹林寺景区
所在位置：位于岱阳之西傲徕峰下
景源级别：二级景源
景源类型：人文景源—建筑—文物宗教建筑
地理坐标：36°13′23″N，117°5′10″E

  元始天尊庙又名扇子崖石庙，坐落于岱阳之西傲徕峰下。东西长 26 米，南北宽 16.35 米。明代创建，历代重修，新中国成立后倾圮。1988 年重修，由元始天尊殿、卷棚、东西配殿与山门组成。元始天尊殿 3 间，面阔 10.75 米，进深 7.3 米，通高 7.3 米。条石筑，冰盘式出檐，板瓦硬山拱形顶。

范明枢墓
FANMINGSHUMU

所在景区：竹林寺景区
所在位置：位于岱阳之西傲徕峰下
景源级别：二级景源
景源类型：人文景源—胜迹—古墓葬
地理坐标：36°12′22″N，117°6′37″E

范明枢墓在山东省泰安市泰山南麓普照寺西。范明枢墓为花岗石筑成。墓台呈方形，正中是石砌长方形墓室，内置灵椟。墓室北面为正面，并立三通墓碑。中间一通镌刻"山东省参议会范故参议长明枢先生之墓"；左面一通镌林伯渠题词"革命老人永垂不朽"；右面一通镌谢觉哉题词"永远是人民的老师"。墓碑上还有范老简历碑文。墓为苍松翠柏掩映，分外肃穆。

梅花岗
MEIHUAGANG

所在景区：竹林寺景区
所在位置：位于普照寺东约300米
景源级别：二级景源
景源类型：人文景源—地景—石林石景
地理坐标：36°12′38″N，117°6′44″E

冯玉祥是中国现代史上与泰山渊源很深的一位名人，曾先后于1932年、1933年两次隐居泰山，在泰山上留下了许多值得纪念的历史遗迹。将军在隐居泰山期间，于普照寺东约300米的山岗上，捐资兴建了滦州起义革命烈士祠，并亲自栽种蜡梅数百株，还在一块巨石上题写了"梅花岗"三个大字作为命名。

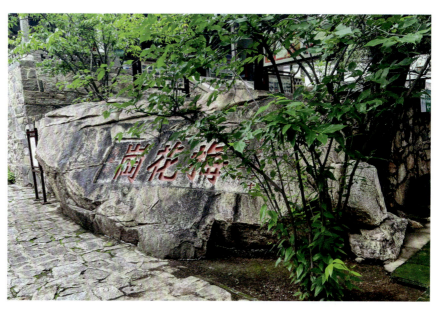

· 玉泉寺景区 ·

玉泉

YUQUAN

所属景区：玉泉寺景区
所在位置：位于玉泉寺东南
景源级别：一级景源
景源类型：自然景源 - 水景 - 井泉
地理坐标：36°18′16″N，117°5′7″E

　　玉泉寺因"玉泉"而得名，"玉泉"亦因古寺而千年不涸。北魏景明年间，僧意禅师云游于此，见此清泉一泓，自石缝涌出，饮之启悟，乃于泉侧，创建伽蓝。迨至金代，翰林学士党怀英临流挥毫，名之曰"玉泉"，遂有谷山玉泉禅寺之称。

一亩松

YIMUSONG

所属景区：玉泉寺景区
所在位置：位于玉泉寺内
景源级别：一级景源
景源类型：自然景源 - 生景 - 古树名木
地理坐标：36°18'17"N，117°5'2"E

　　一亩松为泰山众多古松中，遮阴面积最大的一株。树高 12.5 米，胸围约 3 米，冠幅 26.8 米 ×33.5 米，约合 1.3 亩，故名"一亩松"，树龄 800 余年，树干粗壮敦实，凹凸起伏，古老苍劲。

玉泉寺

YUQUANSI

名胜景区

所属景区：玉泉寺景区
所在位置：位于泰山岱顶北
景源级别：一级景源
景源类型：人文景源 - 建筑 - 文物宗教建筑
地理坐标：36°18'14"N，117°5'4"E

玉泉寺位于山东省泰安市岱顶北,直线距离为 6.3 千米,山径盘旋 20 余千米,有公路与泰城相通。玉泉寺因南有谷山、东有玉泉,故名谷山寺、玉泉寺,亦名谷山玉泉寺,俗又称佛爷寺。玉泉寺,南北朝时由北魏高僧意师创建,后屡建屡废,1993 年在旧址上重建大雄宝殿及院墙。

玉泉寺古银杏

YUQUANSIGUYINXING

所在景区：玉泉寺景区
所在位置：位于玉泉寺内
景源级别：二级景源
景源类型：自然景源—生景—古树名木
地理坐标：36°18′14″N，117°52′2″E

　　泰山最吸引眼球的银杏是玉泉寺内大雄宝殿前的两株。树龄已有1300多年，高达38米，胸围7.4米，遮阴地0.5亩，枝干粗壮，树叶繁茂，为泰山银杏之最。

千年板栗

QIANNIANBANLI

所在景区：玉泉寺景区
所在位置：位于玉泉寺大殿西北处
景源级别：二级景源
景源类型：自然景源—生景—古树名木
地理坐标：36°18′13″N，117°4′54″E

此树位于山东省泰安市泰山玉泉寺大殿西北处。树干北面开裂60厘米长、40厘米深，南面1.3米处有一直径20厘米的孔洞，虽然生长在石缝中，但生命力极强，生长十分旺盛，年年开花结果。

一线天

YIXIANTIAN

·桃花源景区·

所在景区：桃花源景区
所在位置：位于桃花源停车场西
景源级别：二级景源
景源类型：自然景源—地景—峡谷
地理坐标：36°15′21″N，117°4′24″E

　　泰山地质景观，在桃花源停车场西，两峰对峙，中间一线，人可从中穿过。它是断裂构造切割、风化剥蚀、流水搬运和重力崩塌等综合作用的产物。置身其中，只见两壁峭如刀削，俯瞰脚下巨石累累，仰望上空仅见天如一线。

黄石崖

HUANGSHIYA

所属景区： 桃花源景区
所在位置： 位于桃花源景区龙湾北侧
景源级别： 一级景源
景源类型： 自然景源 - 地景 - 石林石景
地理坐标： 36°16'4"N，117°4'13"E

　　黄石崖是由断裂构造作用致使地层（岩石）破碎并使其发生明显错动和位移的一种现象。龙角山断裂的特征表现为断裂带左侧为二长花岗岩，右侧为片麻岩（泰山岩群），断裂带宽约 40 米，因裂带岩石破碎，后期崩塌形成了独特的黄石崖峭壁景观。

· 桃花峪景区 ·

桃花元君庙

TAOHUAYUANJUNMIAO

所在景区：桃花峪景区
所在位置：位于泰安市桃花峪口
景源级别：二级景源
景源类型：人文景源—建筑—文物宗教建筑
地理坐标：36°15'43"N，117°1'19"E

桃花元君庙位于泰安市桃花峪口，院内古松长臂罩顶，巨柏盘旋蔽日；其西南北崖上原有清代乾隆皇帝《桃花峪》诗刻："春到桃花无处无，峪名盖学武陵乎。五株不见苍松老，半点何曾受污涂。"此刻于新中国成立后因采石而毁。

彩石溪
CAISHIXI

所属景区：桃花峪景区
所在位置：位于泰山桃花峪园区
景源级别：一级景源
景源类型：自然景源 - 水景 - 溪流
地理坐标：36°16'36.704"N，117°3'2.916"E

泰山彩石溪位于泰山桃花峪园区，是世界地质公园、国家地质公园标志性景观。泰山彩石溪上自桃花源龙湾断续而下，至桃花峪核桃园上游形成宽阔园区，全长约 5 千米，沿途有钓鱼台景点、碧峰寺景点、彩石溪景点、赤鳞溪景点、红雨川景点以及桃花源景点等。

· 天烛峰景区 ·

大天烛峰
DATIANZHUFENG

所属景区：天烛峰景区
所在位置：位于山呼台西北
景源级别：一级景源
景源类型：自然景源 - 地景 - 奇峰
地理坐标：36°15'44"N, 117°6'54"E

  在九龙岗南崖之上，两座相距不远、隔涧相望、形状近似巨烛的山峰，分别被称为大天烛峰、小天烛峰。天烛峰在泰山的东北麓，有一条蜿蜒曲折的登山路直达岱顶。

小天烛峰

XIAOTIANZHUFENG

| 所属景区：天烛峰景区 |
| 所在位置：位于山呼台西北 |
| 景源级别：一级景源 |
| 景源类型：自然景源 - 地景 - 奇峰 |
| 地理坐标：36°15'42"N，117°6'40"E |

　　小天烛峰一柱状孤峰从谷底霍然拔起，直插云霄，高耸似烛，故得名；因峰端遍生的劲松宛若烛焰燃烧，又称"烛焰松"。小天烛峰以东还有一座柱状山峰，比小天烛峰雄浑粗壮一些，是为大天烛峰。

从泰山天烛峰景区到山顶的后石坞景区，是泰山最早的登山路线，也是自然景观最集中、最优美的一条路线。这里山峰险峻，山谷幽深，奇松怪石遍布，山泉、溪流、瀑布随处可见，充满了自然的原生野趣。所以人们称之为泰山的奥区。游人置身其中如在画中，所以又被称为泰山的"十里画廊"。

秦御道
QINYUDAO

所属景区：天烛峰景区
所在位置：位于天烛峰景区到山顶
景源级别：特级景源
景源类型：人文景源·胜迹·遗址遗迹
地理坐标：36°15′43″N，117°6′55″E

山呼门

SHANHUMEN

所在景区：天烛峰景区
所在位置：位于天烛峰的登山路上
景源级别：二级景源
景源类型：人文景源—建筑—文物宗教建筑
地理坐标：36°15'37"N，117°7'17"E

　　山呼门又称望天门，是泰山景点之一，位于后山的天烛峰景区。相传秦始皇登封泰山时，文武大臣在此三呼万岁，故俗名"三呼门"。此处两山夹道，陡峭险峻，有一夫当关、万夫莫开之势。后为方便游人，在此兴建门楼以壮景观。此处观景台是观景的绝佳所在。

小泰山
XIAOTAISHAN

所在景区：天烛峰景区
所在位置：位于岱庙内
景源级别：二级景源
景源类型：自然景源—地景—石林石景
地理坐标：36°15′37″N，117°7′17″E

　　泰山天烛峰景区内有座叫小泰山的山峰，与泰山极顶遥相呼应，没有任何人工开凿的痕迹，充满了自然的原生野趣，优美的自然风光可与泰山主景区媲美。最早知道小泰山是从天烛峰景区观景台石碑上看到的：于此东南向，名小泰山。峰顶奇石嶙峋，或人或物，形肖神备，尤若天工造化，万物始出。官宣此山乃天工开物，冠之以"小泰山"的名号。

· 南天门景区 ·

南天门
NANTIANMEN

所属景区：南天门景区
所在位置：位于十八盘尽头
景源级别：特级景源
景源类型：人文景源 - 建筑 - 文物宗教建筑
地理坐标：36°15'20"N，117°5'54"E

泰山南天门又名三天门。南天门位于十八盘尽头,是登山盘道顶端,坐落在飞龙岩和翔凤岭之间的山口上。由下仰视,犹如天上宫阙,是登泰山顶的门户。创建于元至元元年(1264),明清多次重修,新中国成立后又翻修两次。建筑保持了清代的风格。

碧霞祠
BIXIACI

碧霞祠位于泰山极顶之南，天街东首，北依大观峰（即唐摩崖），东靠驻跸亭，西连振衣岗，南临宝藏岭。初建于北宋年间。碧霞祠是道教著名女神碧霞元君的祖庭，为泰山最大的高山古建筑群。

碧霞祠金碧辉煌，俨然天上宫阙。由大殿、香亭等十二座大型建筑物组成。祠为二进院落，以照壁、金藏库、南神门、大山门、香亭、大殿为中轴线，两侧为东西神门、钟鼓楼、东西御碑亭、东西配殿，左右对称，南低北高，层层递进，高低起伏，参差错落，布局严谨，显示了我国古代高超的建筑水平，在道教宫观中极具代表性。

碧霞祠现存建筑保留了明代的规模及明代的铜铸构件，建筑风格多为清代中晚期的风格。

碧霞祠大殿为五楹，九脊歇山式顶，瓦垄三百六十条，以象周天之数。盖瓦、鸱吻、戗兽、大脊等均为铜铸。檐下高悬雍正帝"赞化东皇"、乾隆帝"福绥海宇"巨匾。整个大殿雕梁画栋，晴天朗日之下，金光璀璨，蔚为壮观。

名胜风景区

所属景区：南天门景区
所在位置：位于泰山极顶之南
景源级别：特级景源
景源类型：人文景源·建筑·文物宗教建筑
地理坐标：36°15′20″N，117°6′11″E

唐摩崖
TANGMOYA

所属景区：南天门景区
所在位置：位于大观峰崖壁上
景源级别：特级景源
景源类型：人文景源 - 胜迹 - 摩崖石刻
地理坐标：36°15'22"N，117°6'12"E

唐摩崖，刻于唐开元十四年（726）九月，为唐玄宗李隆基封禅泰山后所制。铭文刻于岱顶大观峰崖壁上。摩崖高1320厘米，宽530厘米。现存铭文1008字（包括标题"纪泰山铭"和"御制御书"），字径25厘米，隶书。额高395厘米，题"纪泰山铭"，2行4字，字径56厘米，隶书。铭文为玄宗李隆基撰书，相传由"燕许"修其辞，韩史润其笔。形制壮观，文辞雅驯，为汉以来碑碣之最。其书法遒劲婉润，端严浑厚，为隶书造成一种新面目，透露出一片太平盛世的景象。

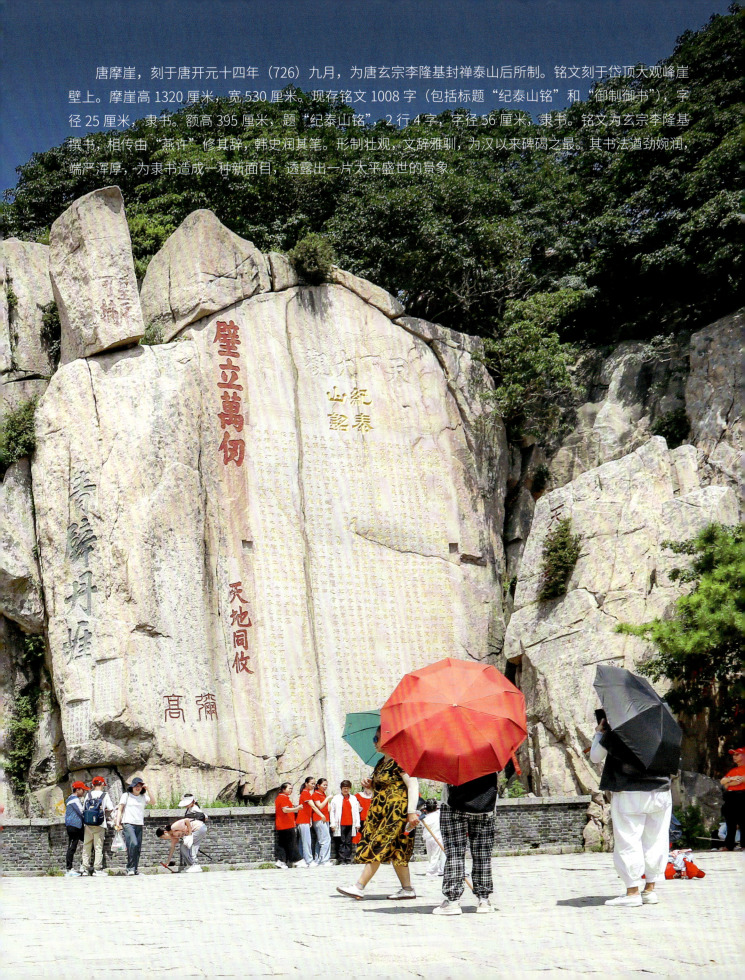

青帝宫
QINGDIGONG

所属景区：南天门景区
所在位置：位于泰山玉皇顶西南
景源级别：特级景源
景源类型：人文景源 - 建筑 - 文物宗教建筑
地理坐标：36°15′22″N，117°6′11″E

青帝宫位于泰山玉皇顶西南，西靠神憩宫，东接上玉皇顶的盘道，是青帝广生帝君的上庙。创建无考，明清重修，新中国成立前毁。青帝即太昊伏羲，古代神话人物之一，道教尊奉为神。传说青帝主万物发生，位属东方，故祀于泰山。

泰山十八盘是泰山登山盘路中最险要的一段，共有石阶 1827 级，是泰山的主要标志之一。

姊妹松
ZIMEISONG

所属景区：南天门景区
所在位置：元君庙西南
景源级别：特级景源
景源类型：自然景源 - 生景 - 古树名木
地理坐标：36°15'46"N，117°6'26"E

此树位于海拔 1402 米的泰山后石坞娘娘庙西南面的鹤山上，于 1987 年列入世界自然遗产名录，距今已有 600 多年的历史。两树根连枝结，形体相似，在沧桑岁月中栉风沐雨，笑傲群芳，由于它们相依生长，好像夫妻又好像姐妹，人称"姊妹松"。

孔子庙

KONGZIMIAO

所属景区：南天门景区
所在位置：位于泰山天街东端北侧
景源级别：一级景源
景源类型：人文景源 - 建筑 - 文物宗教建筑
地理坐标：36°15'21"N，117°6'8"E

  泰山孔子庙，位于泰山天街东端北侧，为明嘉靖年间尚书朱衡所建，万历年间修大殿。庙前有"望吴圣迹"石坊，于1984年重建。还有一座"孔子庙"石坊。

西神门

XISHENMEN

所属景区：南天门景区
所在位置：位于泰山岱顶
景源级别：一级景源
景源类型：人文景源 - 建筑 - 文物宗教建筑
地理坐标：36°15'19"N, 117°6'11"E

　　泰山西神门，一座规模不大的山门，它的重要之处在于，它是从天街去向碧霞祠和玉皇顶的必经之处。

拱北石
GONGBEISHI

所属景区：南天门景区
所在位置：位于日观峰上
景源级别：一级景源
景源类型：自然景源 - 地景 - 石林石景
地理坐标：36°15'23"N，117°6'22"E

在玉皇顶东侧的日观峰上,有一巨石向北斜上横出,名为"拱北石",因其形犹如起身探海,故又名"探海石"。

其石向北,略偏西8°,与地面夹角30°。长6.5米,宽3.2米,厚1.5米左右,是泰山标志之一,也是登岱观日出的好地方。古人有"才听天鸡报晓声,扶桑旭日已初明。苍茫海气连云动,石上游人别有情"的诗句。有雅兴的游人可攀石而上,或观日出奇观,或赏彩云飞渡,趣味无穷。"拱北石",当取自《论语·为政》,"为政以德,譬如北辰,居其所而众星拱之。"拱,拱卫、拱望的意思,北,北极星。石拱北辰,意同"五岳独尊"。

日观峰

RIGUANFENG

所属景区：南天门景区
所在位置：位于泰山玉皇顶东南
景源级别：一级景源
景源类型：自然景源-地景-奇峰
地理坐标：36°15′23″N，117°6′20.041″E

日观峰位于泰山玉皇顶东南，古称介丘岩，因可观日出而名。相传在峰巅西可望秦，南可望越，故又称秦观峰、越观峰。

仙人桥

XIANRENQIAO

所属景区：南天门景区
所在位置：位于瞻鲁台西侧
景源级别：一级景源
景源类型：自然景源 - 地景 - 石林石景
地理坐标：36°15'18"N，117°6'18"E

　　仙人桥呈近东西方向，横架在两个峭壁之间，长约 5 米，由三块巨石巧接而成。相互抵撑的三块巨石，略呈长方形，大小 2～3 立方米，桥下为一深涧，南侧面临万丈深渊，地势十分险要，集险、奇、峻于一体，令人望而生畏。明末萧协中曾赋诗赞曰："三石两崖断若连，空濛似结翠微烟。猿探雁过应回步，始信危桥只渡仙。"

玉皇顶

YUHUANGDING

所属景区：南天门景区
所在位置：位于泰山最高点
景源级别：一级景源
景源类型：自然景源 - 地景 - 奇峰
地理坐标：36°15'25"N，117°6'11"E

　　玉皇顶,旧称太平顶,是"东岳"——泰山主峰之巅,因峰顶有玉皇殿而得名。玉皇庙始建年代无考,明成化年间重修。主要建筑还有迎旭亭、望河亭、东西配殿等。

　　玉皇殿内祀玉皇上帝神像,玉皇上帝全称"昊天金阙无上至尊自然妙有弥罗至真玉皇上帝",即民间信仰的"老天爷",俗称玉皇大帝。神殿上匾额题"柴望遗风""威慑十方""名扬神州",说明远古帝王曾于此燔柴祭天,望祀山川诸神。

瞻鲁台
ZHANLUTAI

所属景区：南天门景区
所在位置：位于仙人桥东侧
景源级别：一级景源
景源类型：自然景源 - 地景 - 奇峰
地理坐标：36°15'17"N，117°6'21"E

　　爱身崖上有巨石突兀，高约 3.3 米，石旁大书"瞻鲁台"，俗称幡杆石。题刻在舍身崖峰顶上，题刻年代不详。字面高 140 厘米，宽 370 厘米。"瞻鲁台"3 字横列 1 行，字径 130 厘米，楷书。

元君庙

YUANJUNMIAO

所属景区：南天门景区
所在位置：位于独足盘东北
景源级别：一级景源
景源类型：人文景源 - 建筑 - 文物宗教建筑
地理坐标：36°15′46″N，117°6′30″E

  独足盘东北有一处庵观，称元君庙，俗称娘娘庙，初建于明代。明隆庆六年（1572）宗室朱睦建，供奉昊天上帝像，万历十九年（1591）修圣母寝宫楼，供奉碧霞元君。清顺治、康熙间均有重修，乾隆年间重修后改称石坞青云庵，光绪重修时称石坞庙。

北天门坊

BEITIANMENFANG

所属景区：南天门景区
所在位置：位于丈人峰顺坡北下
景源级别：一级景源
景源类型：人文景源·建筑·风景建筑
地理坐标：36°15'37"N，117°63'E

　　泰山景点之一，自丈人峰顺坡北下，至山坳处有石坊，原额"元武"，清末圮。1984年重立，双柱单门石坊，额书"北天门"。是岱顶通往后石坞的必经之路。坊北是摩云岭，自坊前顺坡东下至勺形谷底是"乱石沟"，过沟是独足盘，再前行可至后石坞诸景点。

无字碑

WUZIBEI

所属景区：南天门景区
所在位置：位于玉皇庙门前
景源级别：一级景源
景源类型：人文景源·胜迹·摩崖石刻
地理坐标：36°15′25″N，117°6′11″E

泰山玉皇顶玉皇庙门前有一座高 6 米、宽 1.2 米、厚 0.9 米的石碑。碑顶上有石覆盖，石色黄白，形制古朴浑厚。奇怪的是，碑上没有一个字，因而被人称为"泰山无字碑"。

对松亭

DUISONGTING

所属景区：南天门景区
所在位置：位于对松山南，登山盘道西侧
景源级别：一级景源
景源类型：人文景源 - 建筑 - 风景建筑
地理坐标：36°15'1"N，117°6'9"E

  对松亭位于对松山南，登山盘道西侧。此处两山对峙，山峰多古松，青翠蔽日，亭遂因名。亭创建年代无考，1961年重修。亭方形，四角攒尖顶，木石结构，边长4.6米，通高7.1米。四角柱承四角梁、扶角梁，柱外石砌墙，东向开门，门两侧各开一窗，门高2.2米、宽1.45米，窗高1.7米。

升仙坊

SHENGXIANFANG

所属景区：南天门景区
所在位置：位于南天门下
景源级别：一级景源
景源类型：人文景源 - 建筑 - 风景建筑
地理坐标：36°15′16″N, 117°5′57″E

　　升仙坊位于南天门下。此处山势陡峻，悬崖峭壁，上临岱顶天庭，咫尺仙境，似有飘然升仙的意境，故名升仙坊。

天街
TIANJIE

所在景区：南天门景区
所在位置：位于王母池西侧
景源级别：二级景源
景源类型：人文景源—建筑—特色街区
地理坐标：36°12′24″N，117°7′27″E

  大量的香客游人上山，需要住宿吃饭，天街应运而生，天街具体形成何时，已不可考，但是较大规模的朝山始于西汉，为香客服务的天街大约也应与之同步。关于天街最早的文字记载见于北宋初年，宋哲宗元祐年间（1086—1093），兖州府官吏邵伯温游泰山，写下了一篇《泰山闻见录》，文中说："因登绝顶，行四十里，宿野人之庐。"到了明朝中期，随着香客的增多，天街也开始繁荣起来，隆庆年间（1567—1572），冯时可在《泰山记》中说："登天门，则平壤矣，市而庐者百余家。"

天街牌坊
TIANJIEPAIFANG

所在景区：南天门景区
所在位置：位于天街西端入口处
景源级别：二级景源
景源类型：人文景源—建筑—风景建筑
地理坐标：36°15′21″N，117°5′55″E

  天街牌坊位于天街西端入口处，始建于明代，清末被毁，1986年重建，为四柱三间三楼冲天式牌坊，其柱前后的抱鼓石为石雕麒麟，正脊中央为圆雕火焰，中间额板题刻"天街"二字，无楹联。此坊高大雄伟，比例协调，工艺精湛，不失为泰山天街的标志性建筑。

象鼻峰
XIANGBIFENG

所在景区：南天门景区
所在位置：位于天街中段
景源级别：二级景源
景源类型：自然景源—地景—石林石景
地理坐标：36°15′17″N，117°5′59″E

天街中段，有石阶可下陡崖，循石阶小道西去，一巨石酷似大象的头部，上有巨石垂下，好似象鼻，上有题刻"象鼻峰"。象鼻峰又叫象山，其崖壁上历代题刻甚多。

青云洞
QINGYUNDONG

名胜·风景区

所在景区：南天门景区
所在位置：位于象鼻峰东侧
景源级别：二级景源
景源类型：自然景源—地景—洞府
地理坐标：36°15′18″N，117°6′1″E

青云、白云二洞为泰山云根雨脉。想来，泰山云雾起处，皆出自白云洞，而泰山青云洞里常会冒出青烟。据传两个洞里冒出的云烟相遇，就会有大雨来临。现在洞里分别供奉着泰山福、禄二神。

白云洞
BAIYUNDONG

所在景区：南天门景区
所在位置：位于象鼻峰西侧
景源级别：二级景源
景源类型：自然景源—地景—洞府
地理坐标：36°15'18"N，117°5'59"E

象鼻峰西有白云洞，又名云窝，因地处悬崖，下有绝涧，危岩多窍、白云缭绕而名。洞内明人题"卧云""锁云"，洞口有清光绪四年（1878）山东按察使豫山题联并篆书："品物流天，万民所望；山泽通气，百谷用成。"东侧有"白云深处""山河一览""贮云峰""白云洞"等石刻。

丈人峰

ZHANGRENFENG

所在景区：南天门景区
所在位置：位于北天门南
景源级别：二级景源
景源类型：自然景源—地景—石林石景
地理坐标：36°15′29″N，117°6′6″E

丈人峰上石刻有"天下第一山""凌霄峻极""中天独立""东柱第一灵区"等，并有乾隆所留诗刻："丈人五岳自青城，岱顶何来假借名。却是世人知此惯，谁因杜老句详评。"

后石坞

HOUSHIWU

所在景区：南天门景区
所在位置：位于岱阴天空山下
景源级别：二级景源
景源类型：自然景源—地景—石林石景
地理坐标：36°15′36″N，117°6′3″E

后石坞位于岱阴天空山下，内有独足盘、古松园、元君庙、九龙岗、天烛峰诸多景点。从岱顶丈人峰乘索道直达。

伟晶岩脉
WEIJINGYANMAI

所在景区：南天门景区
所在位置：泰山地质景观
景源级别：二级景源
景源类型：自然景源—地景—地质珍迹
地理坐标：36°15'28"N，117°5'57"E

　　岩脉是岩浆在上升过程中穿插在早先形成的岩石之中的脉状结晶体，一般呈线状分布，宽度不等，窄的仅几毫米，宽的数米，长度不等。伟晶岩脉是矿物颗粒粗大的岩脉，由此得名，矿物晶体可达2毫米以上。岩脉中矿物颗粒的大小可以判别矿物结晶时的温度和来源。

尧观顶
YAOGUANDING

所在景区：南天门景区
所在位置：位于泰山的北天门
景源级别：二级景源
景源类型：自然景源—地景—大尺度山地
地理坐标：36°15'47"N，117°6'26"E

　　在泰山的北天门有两座尧观顶，东尧观顶和西尧观顶。传说远古时期的尧帝曾来到这里，在东尧观顶看日出，到西尧观顶望日落；都是很惬意的。

对松绝奇

DUISONGJUEQI

所在景区：南天门景区
所在位置：位于朝阳洞北
景源级别：二级景源
景源类型：自然景源—生景—森林/植物生态类群
地理坐标：36°150′0″N，117°69′0″E

登泰山，过了中天门继续往上，有个朝阳洞，朝阳洞北有一景点，名为对松山，双峰对峙，两侧古松万株，层层叠叠，又名万松山、松海。

山间云雾出没之时，天风莽荡，虬舞龙吟，松涛大作，堪称奇观，云雾笼罩下的对松山，宛若传说中的仙界仙山。李白有"长松入云汉，远望不盈尺"的诗句。乾隆则称"岱宗穷佳处，对松真绝奇"。

142　山东省国家级风景名胜区重要风景资源

碧霞元君墓

BIXIAYUANJUNMU

所在景区：南天门景区
所在位置：位于元君庙内
景源级别：二级景源
景源类型：人文景源—胜迹—古墓葬
地理坐标：36°15'48"N, 117°6'32"E

　　位于元君庙内，墓旁有一清雍正年间重建的"万古流芳"碑，其正文为"敕封天仙圣母碧霞元君故墓"。在元君墓的右后侧有另一石墓，为元君身边的灵兽白猿，坊间有"白猿献寿"的神话传说。

透天门
TOUTIANMEN

所在景区：南天门景区
所在位置：位于元君庙内
景源级别：二级景源
景源类型：人文景源—建筑—文物宗教建筑
地理坐标：36°15'47"N，117°6'31"E

沿陡峭的石阶而上，过透天门是上院。据介绍，透天门是后石坞最为完整的明代建筑（建于1596年），是一处由21块石头组成的拱形门，门宽1.35米，精巧中不乏质朴。

乱石沟
LUANSHIGOU

所在景区：南天门景区
所在位置：位于后石坞索道下站东
景源级别：二级景源
景源类型：自然景源—地景—地质珍迹
地理坐标：36°15′41″N，117°6′23″E

石河位于后石坞索道下站东，又名乱石沟，山沟中巨石嶙峋，大的如磨盘，小的若碾砣，叠压绵延数里，雨季时泉水在石下流淌，只闻水声而不见水，沟谷中的乱石或是重力崩塌，或是由洪水或冰川短距离搬运形成。

· 中天门景区 ·

望人松
WANGRENSONG

所属景区：中天门景区
所在位置：五大夫松西侧
景源级别：特级景源
景源类型：自然景源 - 生景 - 古树名木
地理坐标：36°14'48"N，117°6'22"E

泰山迎客松是泰山风景名胜区的地理性标志,已经被列入世界文化自然遗产名录。泰山迎客松已有500余年的树龄,位于泰山东路盘道的五大夫松西侧的山腰上。泰山迎客松树冠下一长枝形同披伞,形态仿佛翘望迎接八方来泰山旅游的游客,故名泰山迎客松。

中天门
ZHONGTIANMEN

所属景区：中天门景区
所在位置：位于中天门客运站南
景源级别：一级景源
景源类型：人文景源 - 建筑 - 风景建筑
地理坐标：36°14'20"N，117°6'30"E

中天门是泰山登山东、西两路的交汇点。此处为登顶半程,上下必经之地。中溪山北侧为东溪,俗称大直沟,古为登岱东路,后废弃。中天门建于清,为两柱单门式石坊。

五大夫松坊
WUDAFUSONGFANG

所属景区：中天门景区
所在位置：位于五松亭东侧盘道上
景源级别：一级景源
景源类型：人文景源 - 建筑 - 风景建筑
地理坐标：336°14'47"N，117°6'24"E

  五大夫松坊位于五松亭东侧盘道上，二柱单间石坊，长方基石，坊柱下前后施滚磴石，石上浮雕团花。隶额"五大夫松"四字。清《泰山志》称此坊为"小天门"，而明代又叫"诚意门"。

酌泉亭

ZHUOQUANTING

所属景区：中天门景区
所在位置：位于云步桥东
景源级别：一级景源
景源类型：人文景源 - 建筑 - 风景建筑
地理坐标：36°14′45″N，117°6′25″E

　　酌泉亭又称泰山观瀑亭。这座亭子为全石结构，它的建造年代要比高山流水之亭晚一些。据当地史料记载，酌泉亭始建于清光绪年间，由泰安知县毛蜀云主持修建。这座亭子最大的看点就是柱子上的楹联，里里外外有 5 副之多。

云步桥
YUNBUQIAO

所属景区：中天门景区
所在位置：位于泰山中天门北
景源级别：一级景源
景源类型：人文景源 - 建筑 - 其他建筑
地理坐标：36°14'45"N，117°6'24"E

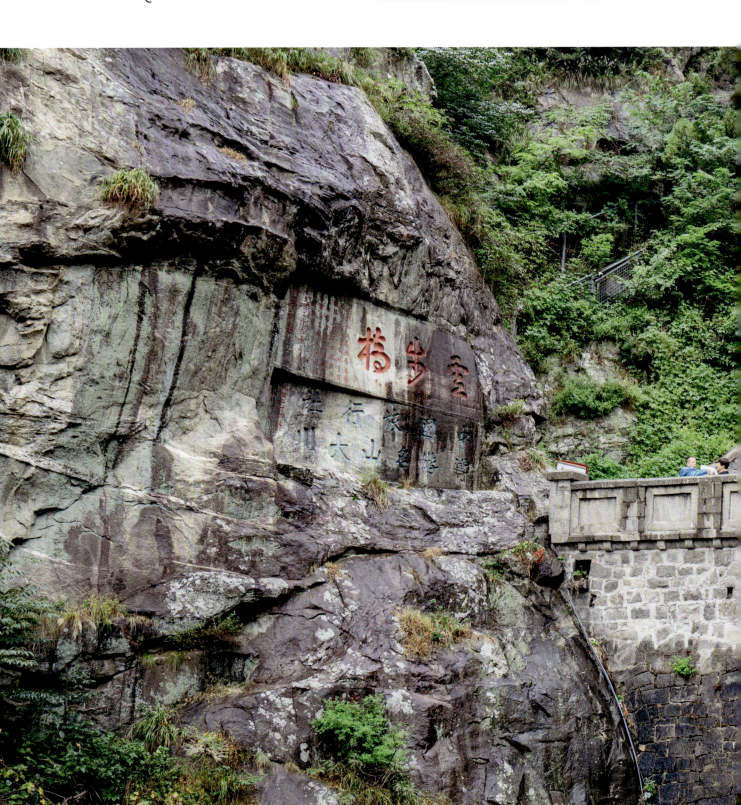

云步桥，东西向，单孔石拱桥，长 12.2 米，宽 4.35 米，拱高 6.1 米，跨度 11.8 米。桥西侧设石勾栏，由伏石、华板、望板等组成，勾栏高 1.15 米。桥东首为"八"字形石阶，两侧设斜坡勾栏，勾栏末端和桥首望柱均作顶状。坐落于五松亭下、快活三里北首。

五大夫松
WUDAFUSONG

所属景区：中天门景区
所在位置：位于五松亭东侧
景源级别：一级景源
景源类型：自然景源 - 生景 - 古树名木
地理坐标：36°14'47"N，117°6'23"E

  五大夫松是在秦始皇登封泰山时，中途遇雨，避于大树之下，因树护驾有功，遂封该树为"五大夫"爵位，后被雷雨所毁。清雍正年间，钦差丁皂奉诏重修泰山时补植5株，今存2株，拳曲古拙，苍劲葱郁，被誉为"秦松挺秀"，现已列为泰安八景之一。

五松亭
WUSONGTING

所属景区：中天门景区
所在位置：位于五大夫松西侧
景源级别：一级景源
景源类型：人文景源 - 建筑 - 风景建筑
地理坐标：36°14′47″N，117°6′23″E

　　五松亭又名憩客亭，位于中天门北，因亭前有五大夫松而得名。此亭南近云步桥，北邻朝阳洞，创建无考，明、清重建。原为3间，1956年扩为5间，1978年又翻修屋顶。

步天桥
BUTIANQIAO

所在景区：中天门景区
所在位置：位于中天门南
景源级别：二级景源
景源类型：人文景源—建筑—其他建筑
地理坐标：36°14'10"N，117°6'30"E

步天桥的名字起得霸气，来源于壶天阁前的一副楹联：登此山一半已是壶天，造极顶千重尚多福地。按照道教的说法，壶天就是神仙居住的地方了，壶天阁后面的步天桥就是连接人间与仙界的桥梁了，进入此桥就是进入了仙界，因此命名为步天桥。

玉液泉
YUYEQUAN

所在景区：中天门景区
所在位置：位于距中天门50～60米
景源级别：二级景源
景源类型：自然景源—水景—水景
地理坐标：36°14′24″N，117°6′33″E

　　距中天门50～60米，山道上侧石壁上草书"玉液泉"三字。泉池开掘于基岩上，深约1.5米。平时出水量每天2立方米。随取随溢，从未干涸，大旱时涌水量亦达1立方米。水质清洁，主要供附近居民生活用水。

斩云剑
ZHANYUNJIAN

所在景区：中天门景区
所在位置：位于中天门北
景源级别：二级景源
景源类型：自然景源—地景—石林石景
地理坐标：36°14′32″N，117°6′30″E

　　斩云剑，这把利剑既不是山神开仙的赐予，也不是能工巧匠的杰作。斩云剑这个石块及其周围的岩石则是一种条带状角闪斜长片麻岩，呈绿灰色，主要由斜长石、石英及角闪石等矿物所组成，片麻理构造比较发育，长石石英质的灰白色小条带沿片麻理分布。由于片麻理发育，容易被风化剥蚀，加上岩石发育两组不同方向的垂直节理，在长期风化剥蚀过程中，形成了一种板状岩块，后又受球状风化的影响，失去了原来的棱角，逐渐形成这个类似剑状的奇石。

快活三里

KUAIHUOSANLI

所在景区：中天门景区
所在位置：位于中天门北
景源级别：二级景源
景源类型：自然景源—地景—其他地景
地理坐标：36°14′37″N，117°6′28″E

　　快活三里，又名快活山，位于泰山中天门北。登山至此，忽逢坦途，青山四围，下临绝涧，气爽景幽。南侧有名泉，武中奇题"玉液泉"，水甚甘冽，《泰山药物志》将其列为泰山十二大名药之一。

云步桥瀑布
YUNBUQIAOPUBU

所在景区：中天门景区
所在位置：位于中天门北
景源级别：二级景源
景源类型：自然景源—地景—石林石景
地理坐标：36°14′45″N, 117°6′25″E

  云步桥位于泰山中天门北。为一单孔拱形石桥，凌驾深涧。此处四面峰峦叠嶂，山势险峻，苍松翠柏，蓊郁挺拔，有淙淙溪流山泉，其声悦耳，景色诱人。每到雨季来临，就能见到"云步飞瀑"，瀑布由岱顶倾泻而下，众多溪流奔流而来，形成飞瀑下泻，溅珠迸翠，化雾生云，蔚为壮观。

飞来石

FEILAISHI

所在景区：中天门景区
所在位置：位于御帐崖之上
景源级别：二级景源
景源类型：自然景源—地景—石林石景
地理坐标：36°14'46"N，117°6'24"E

　　在御帐崖之上，五大夫松之下，有一巨石陡立，危如累卵，摇摇欲倾，上刻"飞来石"三字，格外引人注目。

　　相传，宋真宗带领千人万马来泰山封禅，行至云步桥上，只见重山叠翠，使人心醉。宋真宗看到有这样一个绝胜佳处，便下令停轿，在崖上石坪凿石立柱，设帐铺床，在此休息。真宗坐在床上，上有松涛阵阵，下有流水潺潺，好不逍遥自在。正巧，这时泰山神黄飞虎巡游从此经过，看到真宗如此享受，不禁大怒："这个无能的昏君，名为到泰山封禅，实则是游山玩水，心不真，意不诚，赶快轰他下山。"于是山神作法，将身边一块巨石朝真宗滚来。真宗这时正赏乐观景，忽听有声如雷贯耳，回头一看，见一块大石压顶而来，吓得忙喊救驾，此刻哪里还有人应声，只有封禅使王钦若吓得浑身打战，钻到床下，王钦若在床下，看到巨石突然停在树下不动了，忙喊："万岁不要怕，石叟是元君派来接驾的。"真宗闻言，果见大石耸立，像在对自己施礼，遂又回到床上，招呼文武百官，一本正经地说："我乃真龙天子，此石是元君派来接迎的，我怎会横遭此祸？"话虽这样说，此时真宗仍心跳不止，便赶快起驾上山了。王钦若为了讨好真宗，便将此飞来石取名为"接驾石"。

御帐坪 YUZHANGPING

所在景区：中天门景区
所在位置：位于泰山三磴崖东北
景源级别：二级景源
景源类型：自然景源—地景—其他地景
地理坐标：36°14′46″N，117°6′24″E

御帐坪位于今山东泰安市北泰山三磴崖东北。清聂剑光《泰山道里记》载："为宋真宗驻跸处"。石梁曲折，流泉绕之，境颇幽绝。

朝阳洞

CHAOYANGDONG

所在景区：中天门景区
所在位置：位于五松亭西北侧
景源级别：二级景源
景源类型：自然景源—地景—洞府
地理坐标：36°14′48″N，117°6′18″E

朝阳洞位于五松亭西北侧，为一天然石洞，洞门向阳，故名。曾名迎阳洞，明朝时更今名。洞深如屋，可容20余人。洞内原祀元君像。洞外宽敞，古松挺秀，东临绝涧。东北绝壁上刻清乾隆《朝阳洞诗》，碑高20米，宽9米，字大1米见方，名万丈碑，亦称清摩崖。

东岳庙

DONGYUEMIAO

所在景区：中天门景区
所在位置：位于五大夫松北
景源级别：二级景源
景源类型：人文景源—建筑—文物宗教建筑
地理坐标：36°14'47"N，117°6'23"E

东岳庙民间俗称全神庙,始建年代无考,于近代维修重建,殿内供奉东岳大帝、玉皇大帝、泰山奶奶、文财神、武财神、孔子、天官。

灵岩寺景区
LINGYANSIJINGQU

概述

灵岩寺，始建于东晋，距今已有1600多年的历史。该寺历史悠久，佛

教底蕴丰厚，自唐代起就与浙江国清寺、南京栖霞寺、湖北玉泉寺并称"海内四大名刹"，并名列其首。灵岩寺，现为世界自然与文化遗产泰山的重要组成部分，是全国重点文物保护单位、国家级风景名胜区、全国首批 4A 级旅游区。

摩顶松
MODINGSONG

所属景区：灵岩寺景区
所在位置：灵岩寺内
景源级别：一级景源
景源类型：自然景源 - 生景 - 古树名木
地理坐标：36°21′46″N，116°58′41″E

  在泰山西麓灵岩寺大殿正门外生长着一株古侧柏，因古时松柏不分，又因"柏"与"悲"同音，为避讳才取名"摩顶松"。高12.5米，胸围2.8米，冠幅东西5.0米、南北8.0米。历尽千多个春秋。在树高7米处自然弯曲向东生长9米处分生3主枝，两枝向西生长，众多分枝皆偏向西。

汉柏纪

HANBAIJI

所属景区：灵岩寺景区
所在位置：位于泰山西麓灵岩寺内
景源级别：一级景源
景源类型：自然景源 - 生景 - 古树名木
地理坐标：36°12'34"N，117°6'34"E

  此树位于泰山西麓灵岩寺内。树干通直，树势挺拔，枝繁叶茂。树下有明万历三十六年刻"汉柏纪"石碑一块。据记载，汉武帝曾梦见灵岩寺方位有一柏树，遂派人来查看，果见此树，后人赞誉此树为"灵岩汉柏"。

辟支塔
PIZHITA

所属景区：灵岩寺景区
所在位置：位于灵岩寺内
景源级别：一级景源
景源类型：人文景源 - 建筑 - 风景建筑
地理坐标：36°21'48"N，116°58'40"E

灵岩寺标志性建筑始建于宋淳化五年（994），塔高54米，为八角九层，楼阁式砖塔，塔基石筑八角，八面浮雕镌古印度孔雀王朝阿育王皈依佛门等故事。塔身青砖砌就，四向辟门，各层施腰檐，塔身上置铁质塔刹，自宝盖下垂八根铁链，由八尊铁质金刚承接，整体造型优美，比例适度，做工精细。

慧崇塔

HUICHONGTA

所属景区：灵岩寺景区
所在位置：位于灵岩寺内
景源级别：一级景源
景源类型：人文景源 · 建筑 · 风景建筑
地理坐标：36°21′49″N，116°58′31″E

  慧崇塔位于塔林北端最高处，是唐代灵岩寺高僧慧崇禅师的墓塔。慧崇塔建于唐天宝年间（742—756），是现存最古老的一座墓塔。此塔为石砌单层重檐亭阁式塔，高5.3米。塔下束腰须弥座，座上砌方形塔身，南面辟券门，东西两侧作假门，皆作一妇人半露状，东面作进入状，西面作外出状。

灵岩寺墓塔林

LINGYANSIMUTALIN

所属景区：灵岩寺景区
所在位置：位于灵岩寺的西崖
景源级别：一级景源
景源类型：人文景源 - 胜迹 - 古墓葬
地理坐标：36°21'48"N，116°58'31"E

灵岩寺墓塔林，位于济南市长清区灵岩寺的西崖，墓塔林立，是唐代以来埋葬灵岩寺历代住持高僧的场所。有唐、宋、元、明、清各代的墓塔 167 座，墓碑 81 块，故称为"墓塔林"。其数量仅次于河南登封少林寺，为我国第二大墓塔群。

檀抱泉

TANBAOQUAN

所属景区：灵岩寺景区
所在位置：位于长清区万德街道灵岩村
景源级别：一级景源
景源类型：自然景源 - 水景 - 井泉
地理坐标：36°21'4"N，116°57'39"E

　　檀抱泉位于济南市长清区万德街道灵岩村，明孔山北麓，又名东檀池、檀井、东檀泉、水屋泉，现名列济南新七十二名泉。因以石修建的洞穴式泉池上部，有一株千年青檀古树树根紧紧拥抱此泉，故得名。

鸳鸯檀

YUANYANGTAN

所属景区：灵岩寺景区
所在位置：位于灵岩寺南园
景源级别：一级景源
景源类型：自然景源 - 生景 - 古树名木
地理坐标：36°21'41"N，116°58'38"E

"青檀千岁"在灵岩寺的南院，因双株并列又名鸳鸯檀，相传树龄在千年以上，是灵岩寺的一大景观，北面的一株树高 7.5 米，树围 1.84 米，南面一株树高 6.5 米，树围 2.2 米。青檀，又名翼朴、云檀，我国的特有植物，被列为国家二级保护野生植物。

大雄宝殿
DAXIONGBAODIAN

所在景区：灵岩寺景区
所在位置：位于灵岩寺内，天王殿后
景源级别：二级景源
景源类型：人文景源—建筑—文物宗教建筑
地理坐标：36°21′45″N，116°58′42″E

大雄宝殿位于天王殿后，过石桥与界清池处，为歇山造，面阔五间23米，进深18米，高约18米。整座宝殿琉璃红瓦、飞檐宝铃。里面供奉的释迦牟尼佛高达50台尺，旁边并立有10余位尊者。

天王殿
TIANWANGDIAN

所在景区：灵岩寺景区
所在位置：位于灵岩寺内
景源级别：二级景源
景源类型：人文景源—建筑—其他建筑
地理坐标：36°21′45″N，116°58′42″E

天王殿始建于金末元初，现存建筑为明代遗存。因殿内塑有护法四大天王而得名。殿东侧，持宝剑者为增长天王，持琵琶者为持国天王；殿西侧，持伞者为多闻天王，手臂绕龙者为广目天王。

灵岩寺古银杏
LINGYANSIGUYINXING

所在景区：灵岩寺景区
所在位置：位于灵岩寺内
景源级别：二级景源
景源类型：自然景源—生景—古树名木
地理坐标：36°21′45″N，116°58′41″E

灵岩寺银杏树有几十棵，尤以大雄宝殿前的这三棵最为耀眼，最大一棵树龄约 1600 年。这三棵银杏，把殿前整个月台遮盖起来，天地间只剩下一片金黄。

五步三泉
WUBUSANQUAN

所在景区： 灵岩寺景区
所在位置： 位于灵岩寺内
景源级别： 二级景源
景源类型： 自然景源—水景—井泉
地理坐标： 36°21′47″N，116°58′43″E

灵岩寺内有一泉群名为五步三泉，乃定公建寺的灵泉。清《长清县志》《济南府志》《灵岩志》均著录。

相传，前秦永兴年间（357），法定禅师由白虎驮经，青蛇引路，来到灵岩，转了多时，见无水，正犹豫时，忽有樵夫指点，说双鹤鸣处有泉，然后隐身不见。法定顺着樵夫所指的方向走去，两白鹤飞起的地方果然有两泉，法定便将锡杖插于地上休息，随之顺着锡杖又涌出一泉，这就有了"双鹤""白鹤""卓锡"泉的称谓。三泉相邻，俗称五步三泉。

御书阁
YUSHUGE

所在景区： 灵岩寺景区
所在位置： 位于灵岩寺内千佛殿东北
景源级别： 二级景源
景源类型： 人文景源—建筑—文物宗教建筑
地理坐标： 36°21′48″N，116°58′42″E

御书阁位于千佛殿东北，建于唐。阁内原有唐太宗、宋太宗、宋真宗、宋仁宗等御书，毁于金代。门前有宋大观年间住持僧仁钦篆书门额。门洞壁间生青檀一株，古枝纵横，盘根错节，状若云朵，故名云檀、银檀。阁壁下嵌历代名刻。前壁有宋人蔡卞草书《圆通经》碣，字如龙蛇屈伸，仪态万方。另有蔡安特题诗："四绝之中处最先，山围宫殿锁云烟。当年鹤驭归何处？世上犹传锡杖泉。"

云檀

YUNTAN

所在景区：灵岩寺景区
所在位置：位于岱庙内
景源级别：二级景源
景源类型：自然景源—生景—古树名木
地理坐标：36°21′48″N，116°58′42″E

御书阁前拱门之上石隙间生出古青檀，盘根错节，枝柯纵横，状若游龙、云朵，名曰云檀，为寺内一大奇观。

般舟殿
BANZHOUDIAN

所在景区：灵岩寺景区
所在位置：位于灵岩寺内
景源级别：二级景源
景源类型：人文景源—建筑—文物宗教建筑
地理坐标：36°21′49″N，116°58′41″E

　　始建于唐代，为寺内主要建筑之一，宋以后各代重修皆毁废，梵语般若即智慧之意，言佛法如智慧之舟能使人离迷途而登彼岸。

地藏殿
DIZANGDIAN

所在景区：灵岩寺景区
所在位置：位于灵岩寺内
景源级别：二级景源
景源类型：人文景源—建筑—文物宗教建筑
地理坐标：36°21′46″N，116°58′46″E

　　地藏殿独立成院，内有《重建地藏殿》记碑，根据碑记，灵岩寺地藏殿原在檀园宾馆前的山坡上，与药师殿等并列而建。清以前被毁。

甘露泉
GANLUQUAN

所在景区：灵岩寺景区
所在位置：位于灵岩寺内
景源级别：二级景源
景源类型：自然景源—水景—井泉
地理坐标：36°21′53″N，116°58′57″E

甘露泉位于灵岩寺大雄宝殿东北约 500 米处的灵岩山上，是灵岩寺诸泉中最著名的一个，与卓锡泉、白鹤泉、双鹤泉、袈裟泉、檀抱泉、飞泉共同构成了袈裟泉泉群，享有"灵岩第一泉"的美誉。

甘露泉崖壁上"甘露泉"的石刻，为乾隆皇帝的御笔所题。崖壁下有一方泉池，甘冽的泉水从泉池上方的龙形兽首口中喷涌而出。这处泉水最神奇的地方就在于其久旱不涸，且水质甘甜。

证盟殿
ZHENGMENGDIAN

所在景区：灵岩寺景区
所在位置：位于灵岩寺内
景源级别：二级景源
景源类型：人文景源—建筑—文物宗教建筑
地理坐标：36°22′5″N，116°58′48″E

积翠证盟殿，亦称方山证盟殿，其名来源于"幼童舍身成佛"的传说。据殿内《修方山证明功德记》石刻记载："唐初有一童儿舍身，坠到半虚，五云封之，接往西天而去。"

滴水崖

DISHUIYA

所在景区：灵岩寺景区
所在位置：位于灵岩寺大佛山景区
景源级别：二级景源
景源类型：自然景源—水景—井泉
地理坐标：36°22'4"N，116°58'47"E

滴水崖位于灵岩寺大佛山景区，呈东西走向，崖高达 50 余米，长 300 余米，常年有水流淌，如珠挂线，一条条、一缕缕，似断似续，就像一副用珍珠缀成的水帘，形成"滴水垂帘"的瀑布奇观。真可谓"飞流如练林峦出，滴水垂帘天上来"。

蒿里山 - 灵应宫景区

HAOLISHAN-LINGYINGGONGJINGQU

概述

游览区域包括蒿里山和灵应宫,共 2 个景源。

通过适宜的方式展示蒿里山的地域文化与禅地文化,调整游览路线,展示森罗殿等遗迹以及重要碑碣的历史风貌,恢复泰安城"三重空间"的整体格局。

灵应宫
LINGYINGGONG

所属景区：蒿里山 – 灵应宫景区
所在位置：位于泰安城西南隅，蒿里山东
景源级别：特级景源
景源类型：人文景源 - 建筑 - 文物宗教建筑
地理坐标：36°10'57"N，117°6'55"E

灵应宫位于泰安城西南隅，蒿里山东，系碧霞元君的下庙。南北长150多米，东西宽40余米，占地面积6000多平方米，是泰山碧霞元君上、中、下三庙中规模最大的一组建筑群。

青岛崂山风景名胜区
QINGDAO LAOSHAN FENGJING MINGSHENGQU

① ② ③ ④

崂山风景区

石老人风景区

市南海滨风景区

薛家岛风景区

青岛崂山风景名胜区

QINGDAO LAOSHAN FENGJING MINGSHENGQU

概述

青岛崂山风景名胜区为大型山海型风景名胜区，包括崂山风景区、石老人风景区、市南海滨风景区和薛家岛风景区4个部分。其中，崂山风景区包括9个游览景区，分别为巨峰景区、流清景区、太清景区、仰口景区、华严景区、九水景区、登瀛景区、北宅景区和华楼景区。

风景特点

青岛崂山风景名胜区以其独特的山城海相连、峰岩岛礁的自然风光，形成了特色突出的自然景观与人文景观。其风景特征可概述为丰富的海岸礁岩、壮观的脊峰顶崮、幽深的峡谷沟涧、珍贵的古树名木、生动的泉溪潭瀑、悠久的历史名胜、奇幻的天景天象及典型的冰川遗迹。

资源价值

青岛崂山风景名胜区海岸线蜿蜒曲折，形成众多的海湾、沙滩、岬角和半岛，空间极富变化。其中，崂山风景区与石老人风景区因其山海相连的独特气质形成了丰富的海岸景观，崂山山势雄伟，峰奇景秀，黄海广阔无垠，岛屿如星；山海互映，两相增色，得天象变幻之景，抒人之无限情怀，为山海风景之特色，沧海桑田，使得崂山风景区海岸形成极其独特而丰富的海蚀地貌。有海蚀崖（八仙墩）、海蚀平石（八仙墩前的平台）、海蚀柱（石老人）等。

　　市南滨海风景区以中西近代历史建筑为突出代表，以山、海、城相互交融为风景特色，是具有游赏观光、海滨休闲、科教文化等主要功能的国家级风景名胜区。薛家岛风景区以优质的海岸沙滩资源为风景特色，融合湾岛岬角、山地森林等景观，具有海滩休闲、海滨度假、山地游赏等主要功能。

崂山风景区
LAOSHAN FENGJINGQU

概述

崂山风景区包括9个游览景区，分别为巨峰景区、流清景区、太清景区、仰口景区、华严景区、九水景区、登瀛景区、北宅景区和华楼景区。

02 青岛崂山风景名胜区

· 太清景区 ·

八仙墩

BAXIANDUN

所在景区：太清景区
所在位置：位于崂山头东南端
景源级别：特级景源
景源类型：自然景源—地景—海岸景观
地理坐标：36°7′53″N，120°42′48″E

  八仙墩位于王哥庄村东南16.2千米处，崂山头东南端，系海浪冲击形成的悬崖峭壁，海拔105.1米，是崂山东部海岸的分界处。海角根部岩石绚丽多彩，并有数块高3～4米的巨石，传为神话中八仙渡海处。

太清水月
TAIQINGSHUIYUE

所在景区：太清景区
所在位置：位于太清宫东南观景平台
景源级别：一级景源
景源类型：自然景源—天景—日月星光
地理坐标：36°8'19"N，120°40'9"E

  在太清宫看海上月出，别有一番情趣。当万籁俱寂之时，光洁的月亮被一团金辉托出海面，溶溶月色倾洒海面，浮光潋滟，玉壶冰镜。岸边清风掠竹，细浪轻拍，景色幽奇绝伦。这便是崂山十二景中的"太清水月"。清代文人林绍言有诗赞曰："相约访仙界，今宵宿太清。烟澄山月小，夜静海潮平。微雨五更冷，新秋一叶惊。悄然成独坐，细数晓钟声。"

明霞散绮

MINGXIASANQI

所在景区：太清景区
所在位置：位于明霞洞周边
景源级别：一级景源
景源类型：自然景源—天景—云霞景观
地理坐标：36°9′21″N，120°39′43″E

  从太清宫北上，行3千米左右，在竹树葱茏、绿荫掩映中便能看到明霞洞。这里背后石峰耸立，山高林密，前望群峦起伏，峭壑深邃，每当朝晖夕阳，霞光变幻无穷，因而被列为崂山十二景之一，称明霞散绮。

龙潭瀑
LONGTANPU

所在景区：太清景区
所在位置：位于八水河中游
景源级别：一级景源
景源类型：自然景源—水景—瀑布跌水
地理坐标：36°8'24"N，120°39'24"E

　　龙潭瀑又称玉龙瀑，在崂山南部八水河中游，北距上清宫约 1 千米。龙潭瀑水源自崂山南麓的 8 条溪流汇成的八水河。瀑水在空中被山风撕碎，形成蒙蒙细雨，落下潭中激起满谷水雾，就像置身雨中，故有"龙潭喷雨"之称，是著名的崂山十二景之一。

汉柏凌霄

HANBAILINGXIAO

所在景区：太清景区
所在位置：位于崂山太清宫三皇殿西侧
景源级别：一级景源
景源类型：自然景源—生景—古树名木
地理坐标：36°8′23″N，120°40′14″E

柏科圆柏属，树龄2150余年，相传为太清宫开山始祖西汉张廉夫手植，故称汉柏。古柏中空，主干北侧寄生凌霄盘曲而上，树龄亦百余年，又称古柏盘龙。

太清宫

TAIQINGGONG

所在景区：太清景区
所在位置：位于崂山东南端宝珠山下
景源级别：一级景源
景源类型：人文景源—建筑—宫殿衙署
地理坐标：36°8'21"N，120°40'18"E

  崂山太清宫又称下清宫、北国小江南、神仙之府，俗称下宫，位于蟠桃峰下，地处崂山东南端宝珠山下，襟山面海，左为桃园峰，右为重阳峰。

天门峰
TIANMENFENG

所在景区：太清景区
所在位置：天门峰位于崂山南麓
景源级别：一级景源
景源类型：自然景源—地景—山景
地理坐标：36°8′32″N，120°38′33″E

　　天门峰位于崂山南麓，流清河风景区内，又名云门峰，俗称南天门。崂山叫南天门的地方有三处：一处在华楼宫的南边，一处在神清宫的南边，而天门峰的南天门最大、最高。

试金石湾

SHIJINSHIWAN

| 所在景区：太清景区 |
| 所在位置：位于王哥庄村东南 |
| 景源级别：二级景源 |
| 景源类型：自然景源—水景—海湾海域 |
| 地理坐标：36°8'22"N，120°42'26"E |

  试金石湾位于王哥庄村东南15千米、崂山头北侧的晒钱石至三亩顶之间。海湾南北长约1.5千米，宽0.5千米，面积约0.7平方千米，水深8米，可停泊渔船。

崂山头
LAOSHANTOU

所在景区：太清景区
所在位置：位于王哥庄村东南 15.5 千米
景源级别：二级景源
景源类型：自然景源—地景—山景
地理坐标：36°8'1"N，120°42'32"E

半岛尖端即为崂山头，陡峭耸峙，嵯峨险峻，峰头直插入海。因此处是崂山最东的山头，故名崂山头。

天门岭
TIANMENLING

所在景区：太清景区
所在位置：位于为崂山南麓山脉
景源级别：二级景源
景源类型：自然景源—地景—山景
地理坐标：36°9'12"N，120°38'6"E

天门岭为崂山南麓山脉，天门峰为高而尖的山头，二者指代不同。

钓鱼台
DIAOYUTAI

所在景区：太清景区
所在位置：位于太清宫前路东南沿线
景源级别：二级景源
景源类型：自然景源—地景—山景
地理坐标：36°7′50″N，120°40′59″E

沿太清宫前海边小路东南行 1 千米处，群礁迭起，海潮汹涌，礁石中有一如台之巨石伸入海中，三面临海，高出海滩约 1 米，面积约 80 平方米，名为钓鱼台。

上清宫
SHANGQINGGONG

所在景区：太清景区
所在位置：位于崂山东南宝珠山坳中
景源级别：二级景源
景源类型：人文景源—建筑—宫殿衙署
地理坐标：36°8′54″N，120°39′40″E

上清宫系宋太祖为华盖真人刘若拙敕建的道场，历史上经过多次重修。宫观呈长方形，前后两进院落，前院无建筑殿堂，有百年玉兰2株；后院有正殿3间，为单檐硬山式砖木结构，共有房屋28间，占地面积1000余平方米。

明霞洞

MINGXIADONG

所在景区：太清景区
所在位置：位于太清宫东北侧
景源级别：二级景源
景源类型：人文景源—建筑—风景建筑
地理坐标：36°9′20″N，120°39′46″E

现存明霞洞洞体、斗母官等院落，占地约 2000 平方米，有房屋 32 间，均为砖木结构硬山式建筑，另有摩崖石刻多处。明霞洞是由巨石崩落叠架而成，洞高约 2 米，洞内面积 10 余平方米，洞额上镌有"明霞洞，大安辛未"七字。

· 华严景区 ·
那罗延窟
NALUOYANKU

所在景区：华严景区
所在位置：位于那罗延山的北坡
景源级别：特级景源
景源类型：自然景源·地景·洞府
地理坐标：36°12′15″N，122°29′56″E

  那罗延窟位于那罗延山的北坡，是一处天然的花岗岩石洞，四面石壁光滑如削，地面平整如刮。石壁上方凸出一方薄石，形状极似佛龛。洞顶部有一浑圆而光滑的洞孔直通天空，白天阳光透入洞内，使洞中显得十分明亮。

天茶顶
TIANCHADING

所在景区：华严景区
所在位置：位于日起石的南侧山峰
景源级别：一级景源
景源类型：自然景源—地景—山景
地理坐标：36°10'14"N，120°39'48"E

　　天茶顶海拔981米，三面皆是陡壁，只一面有险道可攀。因少有人至，峰顶周围原始风貌保持完好，被传为是崂山最美的地方。据说此峰东坡的悬崖石缝中曾经生长着一株野山茶树，所以得名。

华严寺
HUAYANSI

所在景区：华严景区
所在位置：位于法显广场西北
景源级别：一级景源
景源类型：人文景源—建筑—宗教建筑
地理坐标：36°12′27″N，120°40′30″E

创建于清顺治九年（1652），原为华延庵，又名华严禅寺。庙宇分为四进阶梯式院落，依山而建，每近益高。整个建筑古朴典雅，寺后有寂光洞和望海楼。寺前有一塔院，院内三座塔，中间砖塔为第一代住持慈沾大师藏古处，两座小塔分别为螳螂拳创始人于七（法号善和）与住持善观的圆寂塔。

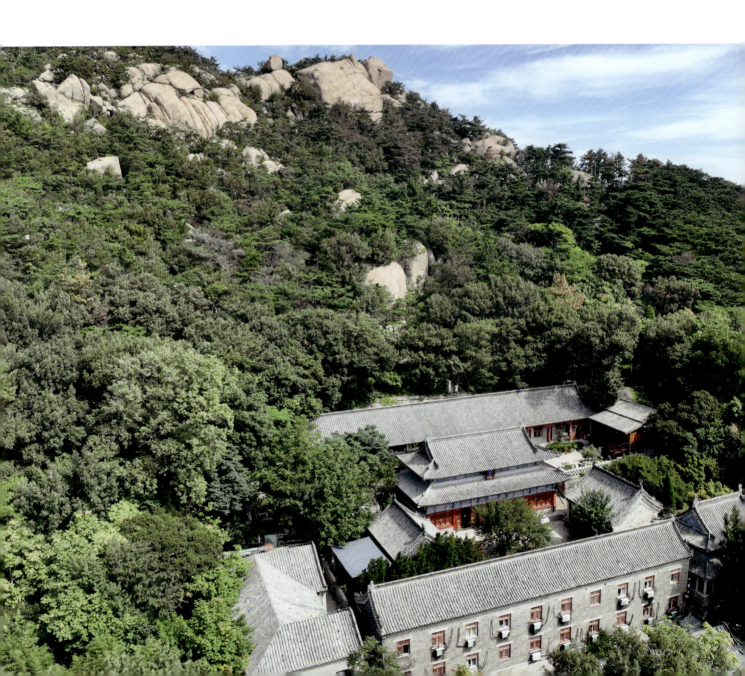

棋盘石
QIPANSHI

所在景区：华严景区
所在位置：位于明道观南约 500 米
景源级别：二级景源
景源类型：自然景源—地景—石林石景
地理坐标：36°11′58″N, 120°39′23″E

顶部微隆却又平坦，可以容五六十人。相传此处是"仙人"下棋的地方，故俗称棋盘石。

明道观

MINGDAOGUAN

所在景区：华严景区
所在位置：位于华严寺西
景源级别：二级景源
景源类型：人文景源—建筑—宗教建筑
地理坐标：36°12'9"N，120°39'15"E

　　明道观位于崂山区王哥庄街道办事处招风岭处，在华严寺西2.5千米。创建于清康熙五十三年（1714）。该观建于海拔600多米处，为崂山庙宇中居地最高处者，内分两院，东院祀玉皇，西院祀三清。该观鼎盛时有道士18人，土地180亩。1939年被日军放火烧毁，后逐步修复。

塔院

TAYUAN

所在景区：华严景区
所在位置：位于华严寺南侧
景源级别：二级景源
景源类型：人文景源—胜迹—其他胜迹
地理坐标：36°12′24″N，120°40′31″E

塔院始建于清康熙年间，院内三座塔，中间高塔为华严寺。左右两座石塔分别为善观、善和住持的圆寂塔，塔院以西为塔林，现存历代住持的石塔十余座，大同塔遗址一处。

泉心河北谷
QUANXINHEBEIGU

所在景区：华严景区
所在位置：位于王哥庄村南 8.5 千米
景源级别：二级景源
景源类型：自然景源—水景—江河
地理坐标：36°11′40″N，120°39′53″E

  泉心河又名旋心河，是位于王哥庄村南 8.5 千米的一条河流。发源于巨峰的东麓和棋盘石山南和北坡，东流注入黄海，流程 5.4 千米，流域面积 12.5 平方千米。泉心河是季节性河流，水质甘洌，河谷尽头为泉心河水库。

·华楼景区·

石门峰
SHIMENFENG

所在景区：华楼景区
所在位置：位于崂山主峰西北
景源级别：一级景源
景源类型：自然景源—地景—山景
地理坐标：36°14'6"N，120°29'34"E

　　石门峰原名三仙山，属于崂山支脉，也是崂山四大支脉之一，石门山的山间有2块大石头，像大门一样，所以起名石门峰。石门山，山势险峻，不宜攀登，自古以来，以"奇""险""绝"著称，当地人称为"捅破天"。

华楼峰
HUALOUFENG

所在景区：华楼景区
所在位置：位于北宅科村西北
景源级别：一级景源
景源类型：自然景源—地景—奇峰
地理坐标：36°14'18"N，120°29'58"E

　　华楼峰是矗立山顶东部的一座方形石峰，高30余米，由一层层岩石组成，宛如一座叠石高楼耸立晴空，故称华楼峰，又因异石突起，犹如华表，又名华表峰，在崂山十二景中称"华楼叠石"。据民间传说：当年八仙过海经过此地时，被这里的景观所吸引，便登上华楼峰，在此休憩游览，不少文人雅士也称这里为聚仙台。又传说何仙姑曾在"楼"上梳洗打扮过，当地人更喜欢叫它梳洗楼。

石门岭
SHIMENLING

所在景区：华楼景区
所在位置：位于石门峰东南
景源级别：二级景源
景源类型：自然景源—地景—山景
地理坐标：36°13′58″N，120°29′42″E

石门岭属于华楼风景游览区，内虽无高大山体，但峰峦怪石、岩谷幽壑、洞窟醴泉，无不具备。

华楼宫
HUALOUGONG

所在景区：华楼景区
所在位置：位于北宅镇毕家村西
景源级别：二级景源
景源类型：人文景源—建筑—宫殿衙署
地理坐标：36°14′15″N，120°29′49″E

　　华楼宫又名华楼万寿宫、灵峰道院，位于崂山区北宅镇毕家村西，地处华楼山巅、碧落岩下，东、西、南三面皆临深壑，四面群山环绕，始建于元泰定二年（1325），后屡经兴衰，现存建筑均为明清时期重修遗存，为道教全真道华山派宫观。

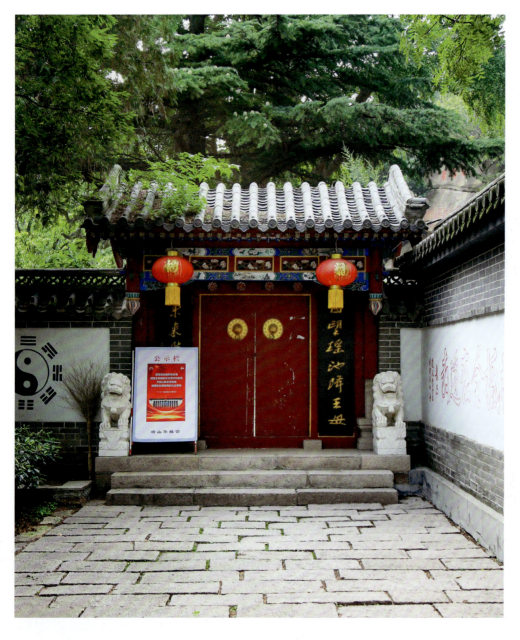

所在景区：华楼景区
所在位置：位于华楼山北
景源级别：二级景源
景源类型：自然景源—水景—湖泊
地理坐标：336°15′17″N, 120°29′13″E

崂山水库
LAOSHANSHUIKU

  崂山水库又名月子口水库，位于华楼山北，海拔 55 米，东西走向，水面呈河道形，为崂山第一大水库。水色湖蓝色，周围群山环绕。

· 九水景区 ·
潮音瀑
CHAOYINPU

所在景区：九水景区
所在位置：位于内九水的尽处
景源级别：一级景源
景源类型：自然景源—水景—瀑布跌水
地理坐标：36°12'3"N, 120°36'37"E

　　潮音瀑是内九水的尽处，四面峭壁环绕，东南面岩石裂开如门，瀑布从中三折泻下。第一折西向，下注鼓腹状的石槽中。第二折西北向，下注椭圆形之石缸内。第三折最长，西南向，下注池潭中，潭中水色靛蓝，深难见底，故名靛缸湾。

太和观
TAIHEGUAN

所在景区：九水景区
所在位置：位于双十屋村以北
景源级别：一级景源
景源类型：人文景源—建筑—宗教建组
地理坐标：36°12'52"N，120°35'42"E

太和观又名北九水庙、九水庙，道教宫观，位于崂山区北宅街道北九水景区，面积不大。太和观处北九水北岸，为内外九水之分界处，它东依绿树青山，南临翠竹流水，西有"仙古洞"，北靠"太子涧"，明代天顺八年和清代乾隆年间皆重修过。

锦帆嶂

JINFANZHANG

所在景区：九水景区
所在位置：位于得鱼潭的西南侧
景源级别：二级景源
景源类型：自然景源—地景—奇峰
地理坐标：36°12'16"N，120°36'17"E

　　锦帆嶂名曰"水浅能见底，行舟也扬帆"。这个巨大的峭壁，像船上高高挂起的一面风帆，所以叫锦帆嶂，也称锦帆溢彩。

冷翠峡

LENGCUIXIA

所在景区：九水景区
所在位置：位于内七水两侧
景源级别：二级景源
景源类型：自然景源—地景—峡谷
地理坐标：336°12′7″N，120°36′29″E

多水季节，水从峡谷里流出来。因是风口，山水奔腾，被风吹成水雾，所以也称清风洒翠。

蔚竹庵

WEIZHU'AN

所在景区：九水景区
所在位置：位于凤凰台北侧
景源级别：二级景源
景源类型：人文景源—建筑—宗教建筑
地理坐标：36°12′29″N，120°36′45″E

建于明万历十七年（1589），现存为现代按原样重建。整个道庵占地 2.6 亩，建筑面积 150 余平方米，建筑为石木结构，长方形院落，分前后两进，正殿 3 间，东西配殿 6 间，道舍 10 余间。正殿内壁嵌碑记两块，院内有百年树龄的白丁香 1 株，耐冬 1 株。

· 巨峰景区 ·

崂山云海

LAOSHANYUNHAI

所在景区：巨峰景区
所在位置：位于巨峰周边山体
景源级别：一级景源
景源类型：自然景源—天景—云雾景观
地理坐标：36°10'18"N，120°37'39"E

　　崂山的"云海奇观"一年四季均有出现，春夏季的雨前雨后出现较为集中，从早春的2月到初夏的6月，都是崂山云海奇观的最佳观赏时期。崂山云海以崂顶最为壮观，春夏时节，云雾飘荡于山谷之间，时而云涛汹涌，时而云海坦平，时而群峰变为云海孤岛，使崂山更具神秘仙境之趣。

五指峰
WUZHIFENG

所在景区：巨峰景区
所在位置：位于巨峰西北面的山峰
景源级别：一级景源
景源类型：自然景源—地景—山景
地理坐标：36°10'49"N，120°37'24"E

巨峰景区西北面有一列东西排列的山峰。五座山峰依次高低错落，远远望去就像一只展开五指的巨手，直插青天，故名五指峰。

一线天
YIXIANTIAN

所在景区：巨峰景区
所在位置：位于巨峰前一处狭长石缝
景源级别：一级景源
景源类型：自然景源—地景—峡谷
地理坐标：36°10′20″N，120°37′34″E

"名山奇观又一景，两仞峭壁一线天"，说的是一线天。一线天是巨峰身前一处两壁相间、宽约2米、高约40米、纵深约30米的狭长石缝。

比高崮

BIGAOGU

所在景区：巨峰景区
所在位置：位于巨峰南麓
景源级别：一级景源
景源类型：自然景源—地景—山景
地理坐标：36°10′23″N，120°37′29″E

　　从崂山南麓登巨峰，过石门，绕自然碑，经七星楼、新月、幕云诸景，即达比高崮。其海拔1077米，是巨峰南侧山峰中最高的一座。从山下仰望，此峰似比巨峰还高，故名比高崮，又称美人峰。

自然碑
ZIRANBEI

所在景区：巨峰景区
所在位置：位于比高崮之南
景源级别：一级景源
景源类型：自然景源—地景—石林石景
地理坐标：36°10′14″N，120°37′26″E

自然碑是崛起于山半的一块巨石，宽约 7 米，高约 40 米，顶端前突如碑盖，碑面平削，上望时，见此石傲然耸立在苍翠的群峰层峦中，俨然是一座巨碑，堪称鬼斧神工名石之一。

巨峰
JUFENG

所在景区：巨峰景区
所在位置：位于沙子口村东北
景源级别：二级景源
景源类型：自然景源—地景—山景
地理坐标：36°10'17"N，120°37'34"E

巨峰主峰海拔 1132.7 米，因高峰耸立，为崂山群峰之首，故名巨峰，又因崂山顶巅，又名崂顶。

灵旗峰
LINGQIFENG

所在景区：巨峰景区
所在位置：位于巨峰东南
景源级别：二级景源
景源类型：自然景源—地景—山景
地理坐标：36°10′21″N，120°37′35″E

  灵旗峰又名仙台峰，位于巨峰东南，秀削而薄，如旗展开，故名。又因山顶有三小峰东西排列，俗名三层崮子。蓝水《崂山古今谈》记："灵旗峰，又名仙台峰，位居巨峰左侧，其高仅次于巨峰。"

原泉
YUANQUAN

所在景区：	巨峰景区
所在位置：	位于五峰仙馆东侧
景源级别：	二级景源
景源类型：	自然景源—水景—泉井
地理坐标：	36°10′45″N，120°37′38″E

原泉又名天乙泉，是崂山山泉中海拔最高的一口水泉，俗话说："山有多高，水有多长"，"天一生水"的道理在此完美体现。

柱后高
ZHUHOUGAO

所在景区：巨峰景区
所在位置：位于巨峰北侧
景源级别：二级景源
景源类型：自然景源—地景—石林石景
地理坐标：36°10′31″N，120°37′37″E

　　柱后高位于巨峰正北，形如擎天柱，高数十丈，故名。峰后峭壁下有一洞，名曰龙穿洞，传为奇观。由此再向北为龙泉山、丈老崮。远望剑峰千仞，群山巍峨，景象粗犷壮丽。

虔女峰
QIANNÜFENG

所在景区：巨峰景区
所在位置：位于巨峰西北
景源级别：二级景源
景源类型：自然景源—地景—山景
地理坐标：36°10′39″N，120°37′14″E

位于巨峰西北，山峰秀丽而润泽有光，山花簪髻，云纱遮面，雾带回绕，仪态万千，酷似一亭亭玉立的美女虔诚朝拜，故名。

长涧

CHANGJIAN

所在景区：巨峰景区
所在位置：位于李村北
景源级别：二级景源
景源类型：自然景源—水景—溪涧
地理坐标：36°11'38"N，120°35'19"E

位于李村北 5 千米处，在卧狼齿山东麓。因涧东为长涧村，故名。

·流清景区·
流清涧
LIUQINGJIAN

所在景区：流清景区
所在位置：位于黑冲涧、公司涧的下游
景源级别：一级景源
景源类型：自然景源—水景—溪涧
地理坐标：36°7'58"N，120°36'55"E

　　流清涧发源于崂山巨峰的南坡，上游为黑冲涧、公司涧两支流。中游有夹连河，长约 2 千米，河床平均宽 15 米，潭湾相连，流水深不足尺，水甘可饮，如今在将军槽西侧筑坝蓄水，名为流清河水库。

天门涧

TIANMENJIAN

所在景区：流清景区
所在位置：位于南天门西南方
景源级别：一级景源
景源类型：自然景源—水景—溪涧
地理坐标：36°7'48"N，120°37'25"E

位于沙子口村东9.5千米处，在南天门西南方。因靠近南天门，故名。

· 仰口景区 ·

白云洞
BAIYUNDONG

所在景区：仰口景区
所在位置：象鼻峰西侧
景源级别：一级景源
景源类型：人文景源—胜迹—石窟
地理坐标：36°13'0"N，120°40'15"E

　　白云洞位于雕龙嘴村西冒岭山，洞因常年白云缭绕而得名。洞右是庙宇，内祀玉皇和三清。清代乾隆三十五年（1770）重修。

太平宫
TAIPINGGONG

所在景区：仰口景区
所在位置：位于仙桃峰以南
景源级别：一级景源
景源类型：人文景源—建筑—宫殿衙署
地理坐标：36°14'3"N，120°39'30"E

始建于宋初建隆元年（960），是宋太祖为刘若拙敕建的道场，又名太平兴国院。经历多次重修，为崂山最古老的道观之一。宫观为"品"字形二进式院落，硬山式建筑，正殿建于后院，前院分为东、西两院。西院有眠龙石、涎龙泉、仙人洞，东院钟亭前面是一座小花园，院内生有百年古树。

觅天洞
MITIANDONG

所在景区：仰口景区
所在位置：位于百寿峰西南
景源级别：二级景源
景源类型：自然景源—地景—洞府
地理坐标：36°13′51″N，120°39′19″E

　　觅天洞是一处自然奇观，洞由两侧高70余米峭壁夹缝中的多块巨石叠摞而成，自上而下共有10层，盘旋曲折，离奇险怪。

狮子峰
SHIZIFENG

所在景区：仰口景区
所在位置：位于绵羊石北侧
景源级别：二级景源
景源类型：自然景源—地景—山景
地理坐标：36°14'5"N，120°39'31"E

青岛崂山上，与绵羊石相邻的一座山峰，犹如一只强悍威猛的雄狮傲视沧海，因而被称为狮子峰。

中心崮
ZHONGXINGU

所在景区：仰口景区
所在位置：位于擎天柱的西南侧
景源级别：二级景源
景源类型：自然景源—地景—山景
地理坐标：36°13'22"N，120°38'40"E

　　中心崮位于崂山景区的东北部，是崂山坐山观海最美的景区。景区岚光霭气中群峰峭拔，争奇斗妍，翠竹青松里掩映着"海上宫殿"太平宫；关帝庙置身苍松山楸间，前临涧水、襟倚翠竹。

擎天柱

QINGTAINZHU

所在景区：仰口景区
所在位置：位于巨峰正北
景源级别：二级景源
景源类型：自然景源—地景—石林石景
地理坐标：36°13'34"N，120°39'5"E

位于巨峰正北，高数十丈，形如擎天柱。

仰口湾
YANGKOUWAN

所在景区：仰口景区
所在位置：位于王哥庄村南
景源级别：二级景源
景源类型：自然景源—水景—海湾海域
地理坐标：36°14'25"N, 120°40'9"E

仰口湾位于王哥庄村南,鹰崮东麓,南起泉岭角,北至峰山角,形成一弯月形海湾。

· 北宅景区 ·

三标山

SANBIAOSHAN

所在景区：北宅景区
所在位置：位于王哥庄村西北
景源级别：一级景源
景源类型：自然景源—地景—大尺度山地
地理坐标：36°18'9"N, 120°34'2"E

三标山位于王哥庄村西北 6.2 千米处，南北走向，主峰海拔 683 米，面积 25 平方千米，为崂山第二高峰。该山三座山峰挺拔耸立，南北中一字并列，远望形似三个梭镖，故名。

百福庵
BAIFUAN

所在景区：北宅景区
所在位置：位于惜福镇院后村东
景源级别：二级景源
景源类型：人文景源—建筑—宗教建筑
地理坐标：36°18′48″N，120°31′43″E

百福庵又名百佛庵。创建于宋代宣和年间（1119—1129）。初创时建筑简陋，内供菩萨，信奉佛教，名百佛庵。清初改奉道教，属马山龙门派，又称外山派。前院建倒座殿，内祀菩萨，中殿祀三官，后院为玉皇殿。该庵现为青岛市文物保护单位。

毛公山
MAOGONGSHAN

所在景区：北宅景区
所在位置：位于城阳区惜福镇街道东南
景源级别：二级景源
景源类型：自然景源—地景—大尺度山地
地理坐标：36°16'20"N，120°29'18"E

山临碧水景自美，天生伟人意更深，毛公山风景区位于城阳区惜福镇街道东南，因此处发现一代伟人毛泽东天然雕像而得名。沿青峰社区山下的"革命道路"向东南顺势而上，到顶部即可看见人们敬仰的自然景观——伟人远眺，同时湖光山色，江天辽阔的崂山水库也会映入眼帘，一览无余。

茶涧 CHAJIAN

·登瀛景区·

所在景区：登瀛景区
所在位置：位于沙子口村东北
景源级别：二级景源
景源类型：自然景源—水景—溪涧
地理坐标：36°10′37″N，120°36′17″E

茶涧位于沙子口村东北 8 千米处，在迷魂涧之北。因涧中生长崂山野茶，故名。

石屋涧 SHIWUJIAN

所在景区：登瀛景区
所在位置：位于王哥庄村西
景源级别：二级景源
景源类型：自然景源—水景—溪涧
地理坐标：36°10′4″N，120°35′55″E

石屋涧位于王哥庄村西 6 千米处，在马鞍山东北侧。因涧内有石砌小屋，故名。

石门涧
SHIMENJIAN

所在景区：登瀛景区
所在位置：位于沙子口村东北
景源级别：二级景源
景源类型：自然景源—水景—溪涧
地理坐标：36°10'29"N，120°36'49"E

石门涧位于沙子口村东北 9.5 千米处，在凉水河上游。因涧北并列两巨石，形如门扇，故名。

石老人风景区

SHILAORENFENGJINGQU

概述

　　石老人风景区位于青岛市崂山区南部，由崂山余脉环抱，是游览崂山风景区的第一道风景线。

石老人礁岩
SHILAORENJIAOYAN

名胜风景区

所在景区：石老人风景区
所在位置：位于石老人村西侧
景源级别：一级景源
景源类型：自然景源—地景—洲岛礁屿
地理坐标：36°5'25"N，120°29'27"E

石老人是中国基岩海岸典型的海蚀柱景观，在石老人村西侧海域的黄金地带，距岸百米处有一座 17 米高的石柱，形如老人坐在碧波之中，人称"石老人"。千百万年的风浪侵蚀和冲击，使崂山脚下的基岩海岸不断崩塌后退，并研磨成细沙沉积在平缓的大江口海湾，唯独石老人这块坚固的石柱残留下来，乃成今日之形状。

石老人海水浴场
SHILAORENHAISHUIYUCHANG

所在景区：石老人风景区
所在位置：位于海尔路南端
景源级别：一级景源
景源类型：自然景源—水景—海湾海域
地理坐标：36°5′27″N，120°28′3″E

　　石老人海水浴场水清沙细，滩平坡缓；风浪比较大，可谓无风三尺浪。改造后的海水浴场由滨海步行道贯穿始终，并以此为主线串起度假海滩、欢庆海滩、运动海滩、高级会员海滩等4个高质量沙滩活动区域。

岸线礁岩

ANXIANJIAOYAN

所在景区：石老人风景区
所在位置：位于石老人东侧
景源级别：二级景源
景源类型：自然景源—地景—洲岛礁屿
地理坐标：36°5'25"N，120°29'27"E

  礁岩是由造礁珊瑚和其他生物的碳酸钙骨骼堆积在一起，形成巨大的礁体，露出水面，在海岸线处形成礁岩景观。

市南海滨风景区

SHINANHAIBINFENGJINGQU

概述

市南海滨风景区位于青岛市市南区南部，主要包括陆地和海域两个部分，东、南濒临黄海，西、北连接内陆。

第一海水浴场

DIYIHAISHUIYUCHANG

所在景区：市南海滨风景区
所在位置：位于汇泉湾畔
景源级别：一级景源
景源类型：自然景源—地景—海岸景观
地理坐标：36°3′24″N，120°20′9″E

　　拥有长 580 米、宽 40 余米的沙滩，曾是亚洲最大的海水浴场。这里三面环山，绿树葱茏，现代的高层建筑与传统的别墅建筑巧妙地结合在一起，景色非常秀丽。海湾内水清波小，滩平坡缓，沙质细软，作为海水浴场，自然条件极为优越。

中山公园

ZHONGSHANGONGYUAN

所在景区：市南海滨风景区
所在位置：位于市南区文登路 28 号
景源级别：一级景源
景源类型：人文景源—园景—现代公园
地理坐标：36°3′52″N，120°20′41″E

　　公园三面环山，南向大海，园内林木繁茂，枝叶葳蕤，是青岛市区植被景观最有特色的风景区。公园东傍太平山，与青岛植物园相接；北靠青岛动物园、青岛榉林公园，西依百花苑近百种林木与公园的四时花木连为一体，树海茫茫。

小青岛公园

XIAOQINGDAOGONGYUAN

所在景区：市南海滨风景区
所在位置：位于青岛湾内
景源级别：一级景源
景源类型：人文景源—园景—现代公园
地理坐标：36°3′8″N，120°19′7″E

　　小青岛公园为山东省青岛市的标志性景点，占地面积 2.47 平方千米。因岛上林木常青，遂称青岛；岛形如琴，水如弦，风吹波涛如琴声，又称琴岛。

小青岛灯塔

XIAOQINGDAODENGTA

所在景区：市南海滨风景区
所在位置：胶州湾口的青岛湾内小青岛上
景源级别：一级景源
景源类型：人文景源—建筑—风景建筑
地理坐标：36°3′11″N，120°19′7″E

该灯塔始建于清光绪二十六年（1900），1915年重建为白色八角石塔，塔身用白色大理石构筑，分上下两层，是船舶进出胶州湾、青岛湾的重要助航标志。

栈桥
ZHANQIAO

所在景区：市南海滨风景区
所在位置：位于市南区太平路 12 号
景源级别：一级景源
景源类型：人文景源—建筑—风景建筑
地理坐标：36°3′30″N，120°18′55″E

  青岛栈桥是青岛海滨风景区的景点之一，位于游人如织的青岛中山路南端，桥身从海岸探入如弯月般的青岛湾深处。栈桥全长 440 米，宽 8 米，钢混结构。桥南端筑半圆形防波堤，堤内建有民族形式的两层八角楼，名"回澜阁"，游人伫立阁旁，欣赏层层巨浪涌来，被誉为青岛十景之一。

回澜阁
HUILANGE

名胜·风景区

所在景区：市南海滨风景区
所在位置：位于市南区太平路12号
景源级别：一级景源
景源类型：人文景源—建筑—风景建筑
地理坐标：36°3′30″N，120°18′55″E

八大关近代建筑群
BADAGUANJINDAIJIANZHUQUN

所在景区：市南海滨风景区
所在位置：位于太平角汇泉东部
景源级别：一级景源
景源类型：人文景源—建筑—商业建筑
地理坐标：36°3'6"N，120°20'38"E

  我国著名的风景区，面积 70 余公顷，10 条幽静清凉的大路纵横其间，其主要大路因以我国八大著名关隘命名，故统称为"八大关"。同时，八大关有众多以各国风格建筑的别墅区，集中表现了俄式、英式、法式、德式、美式、丹麦式、希腊式、西班牙式、瑞士式、日本式等 20 多个国家的建筑风格，因而，也有"万国建筑博览会"之称。

花石楼 ◀
公主楼 ▶

蝴蝶楼 ▲　　西班牙风情楼 ▼

王正廷故居 ▲　　元帅楼 ▼

青岛山炮台遗址
QINGDAOSHANPAOTAIYIZHI

所在景区：	市南海滨风景区
所在位置：	位于青岛山公园中心
景源级别：	一级景源
景源类型：	人文景源—胜迹—遗址遗迹
地理坐标：	36°4'6"N，120°20'16"E

　　青岛山炮台遗址系侵华德军 1899 年所建。由南、北炮台和德军"青岛要塞"地下中心指挥部所组成，是侵青德军的九大永久性炮台之一，是军事总指挥部所在地，曾被德军诩之为"青岛炮台之最重要者"。

太平山
TAIPINGSHAN

所在景区：市南海滨风景区
所在位置：位于太平山路1号
景源级别：二级景源
景源类型：自然景源／地景—大尺度山地
地理坐标：36°3′55″N，120°21′16″E

太平山原称"会山"，海拔150余米，是青岛市区第一高峰。向西延伸为青岛山、八关山及小鱼山，向东伸展为湛山。德占时期，称其"伊尔梯斯山"，建有炮台，日占后改称"旭山"，中国政府收回青岛后定名"太平山"。山石嶙峋，起伏蜿蜒。弧形的山势天然形成适于动植物生长的生态环境。德国占领青岛期间，始在本区内植树造林，并从世界各地引进各种名贵树木和花卉，辟建植物试验场，此后山南麓被辟为公园。

第二海水浴场

DIERHAISHUIYUCHANG

所在景区：市南海滨风景区
所在位置：位于太平湾以南
景源级别：二级景源
景源类型：自然景源—地景—海岸景观
地理坐标：36°3'0"N，120°20'43"E

因地处太平湾，又称太平角海水浴场。与八大关别墅区相邻，面积小于第一海水浴场。花石楼的旁边就是第二海水浴场，位于山东省青岛市八大关疗养区与太平湾内汇泉角东侧。

第三海水浴场
DISANHAISHUIYUCHANG

所在景区：市南海滨风景区
所在位置：位于太平角东侧
景源级别：二级景源
景源类型：自然景源—地景—海岸景观
地理坐标：36°3′2″N，120°21′40″E

第三海水浴场也叫太平角浴场，规模虽不大，但海水却异常清澈。

第六海水浴场
DILIUHAISHUIYUCHANG

此处海岸线是青岛最美的地方之一，既有栈桥这样闻名的景点，也有现代风格的高楼大厦。这些风情不一的元素随着大海的弯曲曼妙，丰富着城市的想象，丰盈着城市的格调。

所在景区：市南海滨风景区
所在位置：位于栈桥西侧
景源级别：二级景源
景源类型：自然景源—地景—海岸景观
地理坐标：36°3′42″N，120°18′40″E

太平角
TAIPINGJIAO

所在景区：市南海滨风景区
所在位置：位于香港西路南侧
景源级别：二级景源
景源类型：自然景源—地景—洲岛礁屿
地理坐标：36°2′34″N，120°21′29″E

太平角分为 5 个小岬角和 5 个小湾。海岬之衔接处有楔形礁岩，形成一个个海滩，其中有在别处难得一见的蓝色礁岩。此角适宜鱼类栖息，故此地为垂钓之绝好去处。站立海礁之上游客会产生"天涯海角"之感觉。

青岛湾

QINGDAOWAN

所在景区：市南海滨风景区
所在位置：位于青岛市区西南端
景源级别：二级景源
景源类型：自然景源—水景—海湾海域
地理坐标：36°3'33"N，120°18'48"E

  青岛湾西起团岛，东至小青岛，北接青岛老市区中心，南连胶州湾口，是以天然海湾青岛湾为中心，由众多景点名胜组合而成的海滨风景游览区，也是青岛海滨风景线上最重要的一处风景游览区。

汇泉湾
HUIQUANWAN

所在景区：市南海滨风景区
所在位置：位于青岛老市区中端海滨
景源级别：二级景源
景源类型：自然景源—水景—海湾海域
地理坐标：36°3'19"N，120°20'12"E

　　汇泉湾景区景色秀丽，甲于岛城。西起鲁迅公园，东至汇泉角，北连海洋大学和太平山景区，是青岛市南海滨风景区内重要的一处风景游览区。

所在景区：市南海滨风景区
所在位置：位于青岛市中山公园南侧
景源级别：二级景源
景源类型：自然景源—水景—海湾海域
地理坐标：36°2'55"N，120°21'15"E

太平湾
TAIPINGWAN

　　太平湾位于八大关建筑群南侧，1922年年底中国收回主权后，期盼从此太平，此湾便得名太平湾。

鲁迅公园

LUXUNGONGYUAN

所在景区：市南海滨风景区
所在位置：位于莱阳路之南
景源级别：二级景源
景源类型：人文景源—园景—历史名园
地理坐标：36°3′15″N，120°19′41″E

东接青岛第一海水浴场和汇泉广场，西临青岛海军博物馆和小青岛，北靠小鱼山。金色的沙滩，赭色的礁石，红瓦绿树，碧海蓝天，山、海、城有机融为一体。

百花苑
BAIHUAYUAN

所在景区：市南海滨风景区
所在位置：位于延安一路 15 号
景源级别：二级景源
景源类型：人文景源—园景—历史名园
地理坐标：36°3'53"N，120°20'25"E

百花苑是青岛首座规模较大的纪念性园林。园内地势错落起伏，道路迂回曲折，绿树成荫，芳草遍地，一派"小桥、流水、人家"的田园风光。一座座名人雕像错落有致地分布其中，或坐、或立，静悦安详，栩栩如生，是人文景观与自然景观交相辉映的园林精品。

水族馆

SHUIZUGUAN

所在景区：市南海滨风景区
所在位置：位于鲁迅公园中心
景源级别：二级景源
景源类型：人文景源——建筑——文娱建筑
地理坐标：36°3′23″N，120°19′50″E

青岛水族馆地处青岛鲁迅公园中心位置，依山傍海，景色宜人，是来青岛观光旅游者必到之处。

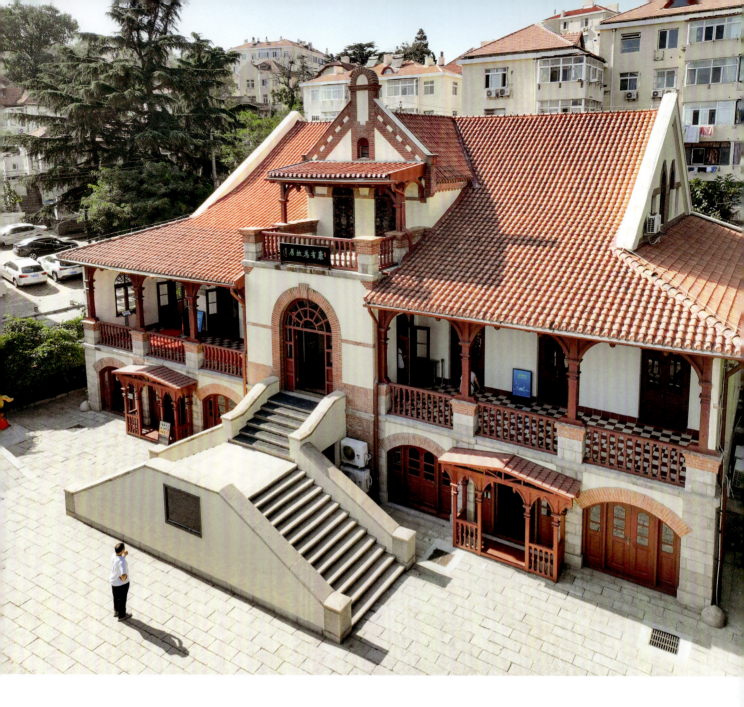

康有为故居

KANGYOUWEIGUJU

所在景区：市南海滨风景区
所在位置：位于福山支路5号
景源级别：二级景源
景源类型：人文景源—建筑—纪念建筑
地理坐标：36°3′34″N，120°20′2″E

  1923年康有为购买此房作为寓所。因清末代皇帝溥仪曾赠康有为堂名"天游堂"，故康有为将此宅取名为"天游园"。

伊尔奇斯东炮台旧址
YIERQISIDONGPAOTAIJIUZHI

所在景区：市南海滨风景区
所在位置：位于香港西路2号
景源级别：二级景源
景源类型：人文景源—胜迹—遗址遗迹
地理坐标：36°4'7"N，120°21'27"E

第一次世界大战远东唯一战场遗址（日德青岛之战）。

奥帆中心
AOFANZHONGXIN

所在景区：市南海滨风景区
所在位置：位于青岛市浮山湾畔
景源级别：二级景源
景源类型：人文景源—建筑—文娱建筑
地理坐标：36°3′18″N，120°23′23″E

  与青岛市标志性景点——五四广场近海相望，总占地面积约45公顷，是2008年北京第29届奥运会奥帆赛和第13届残奥会帆船比赛举办场地，奥帆中心景区依山面海，景色宜人，是全国唯一"国家滨海旅游休闲示范区"。

薛家岛风景区

XUEJIADAOFENGJINGQU

概述

　　以优质的海岸沙滩资源为风景特色，融合湾岛岬角、山地森林等景观，是具有海滩休闲、滨海度假、山地游赏等主要功能的风景区。

金沙滩
JINSHATAN

所在景区：薛家岛风景区
所在位置：位于黄岛区凤凰岛
景源级别：一级景源
景源类型：自然景源—地景—海岸景观
地理坐标：35°57'55"N，120°15'2"E

青岛金沙滩位于山东半岛南端黄海之滨,南濒黄海,呈月牙形东西伸展,全长3500多米,宽300米。金沙滩水清滩平,沙细如粉,色泽如金,海水湛蓝,水天一色,故称金沙滩。金沙滩是中国沙质最细、面积最大、风景最美的沙滩之一,被冠以"亚洲第一滩"的美称。

银沙滩
YINSHATAN

所在景区：薛家岛风景区
所在位置：位于凤凰岛西南侧
景源级别：一级景源
景源类型：自然景源—地景—海岸景观
地理坐标：35°55'10"N，120°11'59"E

全长2000余米，呈月牙形，东西伸展，水清滩平，是天然的海水浴场。因沙质细腻均匀，太阳下银光四射，宛若镶嵌在蓝色丝绸上的银盘，故名银沙滩。银沙滩南濒黄海，背靠黑松林，阳光、大海、沙滩、松林，动静结合，交相辉映，乃绝佳的休闲度假天堂。

石雀滩
SHIQUETAN

所在景区：薛家岛风景区
所在位置：位于凤凰岛西南侧
景源级别：二级景源
景源类型：自然景源—地景—海岸景观
地理坐标：35°56'41"N，120°13'39"E

石雀滩天然奇特，滩、石、水、松连成片，其东部的石雀嘴，是一个伸向黄海0.5千米的岬角，俗称"凤凰头"，其上有一奇石，状似雀，名曰石雀。被当地人们视为吉祥石。雀嘴上青松遍地，是观海听潮的好地方，为薛家岛古八景之一。

3

① ② ③ 胶东半岛海滨风景名胜区

JIAODONGBANDAOHAIBINFENGJINGMINGSHENGQU

刘公岛景区

蓬莱阁景区

成山头景区

胶东半岛海滨风景名胜区

JIAODONG BANDAO HAIBIN FENGJING MINGSHENGQU

概述

胶东半岛海滨风景名胜区位于胶东半岛的东北部，包括烟台蓬莱阁景区、威海刘公岛景区和成山头景区。总面积为109.90平方千米。地理坐标为37°23'18"~37°52'30"N，120°35'34"~122°42'20"E。

胶东半岛海滨风景名胜区是1988年被国务院批准设立的第二批国家重点风景名胜区，是以海岛、海湾岬角、海蚀地貌、海市蜃楼等自然景观为特征，以仙境文化、海防文化、帝王巡游等人文景观为内涵，集游览观光、爱国教育、文化探源、休闲度假、科学考察等功能于一体的海滨型国家级风景名胜区。

风景特点

胶东半岛海滨风景名胜区以其独特的海蚀地貌、海市蜃楼、海洋生物等自然风光与仙境文化、海防文化等人文资源共同形成特色突出的自然景观和人文景观，其风景特征可概述为丰富的岛屿礁岩、奇幻的天景天象、珍稀的海洋生物、珍贵的历史建筑、悠久的海防文化、生动的神话传说。

资源价值

胶东半岛海滨风景名胜区具有海、岛、山、城有机融合的特征，自然景源与人文景源均具有较高典型性。蓬莱阁古建筑群、蓬莱水城、海市蜃楼及其代表的仙境文化和海防文化具有世界自然与文化遗产价值；刘公岛北洋海军军港及其代表的甲午文化，具有很高的爱国主义教育和军事研究价值；刘公岛、成山头景区的洲岛屿礁、海岸景观地质地貌独特，海豹、候鸟等海洋生物种类繁多，具有极高的科考价值。

　　胶东半岛海滨风景名胜区内海湾岬角曲折多姿，地形起伏，林木繁茂，海蚀地貌如天然群雕。风景名胜区因其独特的地理位置和气象条件，使得海市、海兹与平流雾景观频频出现，成为风景名胜区的三大天景景观。由于地处黄海与渤海交汇处，风景名胜区内野生动植物资源极为丰富，森林茂密，环境宜人。蓬莱以"海市蜃楼"驰名中外，蓬莱水城是国内保护完好的古代海军基地，水城西北丹崖山巅的蓬莱阁，面海凌空，奇石雄伟，是神话里"八仙过海"的地方。威海刘公岛是我国著名海上重镇，北洋水师曾在此建立基地。成山头是我国东部"天涯海角"，地势险要，秦始皇两次登临，留有众多古迹，是历代著名的风景名胜地。

刘公岛景区

LIUGONGDAOJINGQU

概述

刘公岛位于山东半岛东端、渤海口外、黄海之滨的威海湾口,距威海市旅游码头 3.89 千米,历来有"东藩屏障"和"不沉战舰"之称,与辽东半岛尖端的旅顺口共扼渤海咽喉,形同京津门户,战略地位非常重要,历来是军事要地。刘公岛景区由刘公岛本岛以及周边的日岛、黄岛、黑鱼岛、小泓岛和大泓岛组成,面积 3.15 平方千米。

刘公岛地势北高南低、西高东低,最高处在北部偏西的旗顶山,海拔 153.5 米。中南部沿海平坦开阔,高程较低,一般为 2～5 米。北坡陡峭,海蚀崖直立险峻,礁石密布。南坡平缓,并堆积有上更新世的黄土层,其前缘有明显被海平面淹没的迹象,西端有高出海平面 10 余米的海蚀阶地。

除主岛外,尚有威海黄岛(现已与本岛相连),岛高 12.0 米;黑鱼岛位于本岛东北,岛高 8.8 米,形如黑鱼头;小泓岛、大泓岛在本岛东端,岛高分别为 8.3 米、5.5 米;日岛于刘公岛南约 2 千米,岛高 13.8 米,原为礁石称衣岛,因其位于东海日出方向,清初改名日岛。

全岛海岸 14.95 千米,其中:北部岸线沿岸坡度较陡,礁石密布,是很好的风景景观岸线;南部西段岸线为麻井子船坞、铁码头和石码头,是历史文物岸线必须保护;南部中段为游客码头及中国甲午战争博物院陈列馆等游览设施与交通岸线;南部东段岸线有沙滩、礁石,视野开阔,自然天成,应很好地加以保护和利用。

听涛涯

TINGTAOYA

所属景区：刘公岛景区
所在位置：位于刘公岛北坡
景源级别：一级景源
景源类型：自然景源—地景—洲岛屿礁
地理坐标：37°30′44″N，122°10′54″E

在刘公岛的北坡有一处山崖,背依青山,面临大海,山上苍松翠柏,郁郁葱葱,山下悬崖绝壁,陡峭险峻。每当大风来临,惊涛拍岸,似雷霆万钧,松涛呼啸,如万马奔腾,松涛声与海涛声融为一体,摄人魂魄,故名听涛崖。

板疆岩
BANJIANGYAN

所属景区：刘公岛景区
所在位置：位于旗顶山东路北
景源级别：一级景源
景源类型：自然景源—地景—洲岛屿礁
地理坐标：37°30'34"N，122°11'14"E

　　位于刘公岛北坡，旗顶山东路北，板疆岩是由数块顺坡而下、直抵海水中的天然大石板形似生姜地连接在一起。石板光洁平整，胜过人工刀削斧凿。此处背依青山，面对碧海。因而得名板姜石，后演称为板疆岩。因板疆岩延伸入水，高低如阶梯，便于攀引而成为天然码头。

五花石
WUHUASHI

所属景区：刘公岛景区
所在位置：位于环山路旁悬崖下
景源级别：一级景源
景源类型：自然景源—地景—海岸景观
地理坐标：37°30'34"N，122°11'38"E

在刘公岛山后、环山路旁悬崖下，有数条彩色的石线直抵海底，经过水浸浪溅，便显出红、黄、蓝、白、黑等不同色彩，晶莹璀璨，相互交映，在蓝天下、碧水中显得格外壮观。

黄岛炮台

HUANGDAOPAOTAI

　　黄岛位于刘公岛最西端，原是一座孤立小岛，距离威海最近，只有 1.6 千米。潮落可涉海而至。1888 年北洋护军进驻刘公岛，因战备需要，填石筑路，修筑炮台。黄岛炮台设计建造十分严谨，科学而实用。炮台、地下坑道、兵舍、弹药库相互连通。坑道为券顶结构，花岗岩石砌筑，水泥灌浆，高约 2 米，宽 1.2 米左右，总长度近 300 米，炮兵可直接通过坑道进入炮位。目前炮基尚在，地道完好。

　　1890 年，威海卫巩军在刘公岛和黄岛之间筑起一座泊塘坝将两岛连通，之后又在黄岛上建起永久性明炮台一座，即黄岛炮台。黄岛炮台曾经高光过，是岛内配置火力最强的炮台，也曾暗淡过，见证了发生在中国土地上悲惨屈辱的"国帜三易"事件。

　　甲午战争中，黄岛炮台因受地理位置所限，与日军交火不多，部分弹药还被运到刘公岛东口炮台用以抗击日军。甲午战争结束后，日军占领刘公岛，炮台内炮械、弹药等物资一并被日军缴获，后被运回日本本土。庆幸的是炮台建筑未遭日军破坏，基本保存完好。

所属景区：刘公岛景区
所在位置：位于刘公岛最西端
景源级别：一级景源
景源类型：人文景源—建筑—工程构筑物
地理坐标：37°30'17"N，122°9'58"E

水师学堂

所属景区：刘公岛景区
所在位置：位于刘公岛西端南坡
景源级别：一级景源
景源类型：人文景源—建筑—其他建筑
地理坐标：37°30′09″N，122°10′16″E

水师学堂位于刘公岛西端南坡，北侧靠近公所后炮台，西侧紧邻麻井子船坞，南侧与机械局相接，东侧约 150 米为丁汝昌寓所。始建于清光绪十六年（1890），共建房屋 63 间，占地面积 1.8 公顷。

甲午战争后，学堂毁于战火。但堞式外墙、东西辕门、马厩、戏楼、照壁、旗杆座以及部分房屋尚存。

1988 年被国务院列为全国重点文物保护单位。2000 年由驻军移交给中国甲午战争博物院管理保护。

1889 年冬，从上海、福建、广东等地招收学员 36 名，另有 10 名学员附学，共 46 名。

1890 年 5 月，海军学校开始授课，课程设有英文、几何、代数、驾驶、天文等，并配有敏捷、康济、威远、海镜四艘练船，供教学用。

2001 年，《威海水师学堂保护规划方案》经国家文物局批准实施。修复工程主要包括学堂建筑复原和英租建筑维修两部分，原状复原洋员、汉员教习公事房、学生课堂、药房、枪械室、学员宿舍等，恢复学堂操场。

2004 年 5 月对外开放。这是目前国内唯一一处有迹可循的水师学堂。

北洋海军将士纪念馆
BEIYANGHAIJUNJIANGSHIJINIANGUAN

所属景区：刘公岛景区
所在位置：位于丁汝昌纪念馆西院
景源级别：一级景源
景源类型：人文景源—建筑—纪念建筑
地理坐标：37°30′17″N，122°9′58″E

北洋海军将士纪念馆位于丁汝昌纪念馆西院，始建于1888年，占地3000多平方米，为丁汝昌寓所西跨院。1998年5月，将丁汝昌寓所的西院辟为北洋海军将士纪念馆。该馆以珍贵的文物、图片及影像资料展示了北洋海军将士的爱国事迹。同时，修建了北洋海军将士名录墙。名录墙长18.88米、高2.50米、底宽0.60米，黑色大理石墙面，上面镌刻着北洋海军511名将士（包括外籍雇员）的姓名、职务。著名北洋海军及甲午战争研究专家戚其章先生为名录墙撰写碑记。

丁汝昌寓所

DINGRUCHANGYUSUO

所属景区：刘公岛景区
所在位置：位于北洋海军提督署西200米处的向阳坡
景源级别：一级景源
景源类型：人文景源—建筑—民居宗祠
地理坐标：37°30′06″N，122°10′24″E

丁汝昌纪念馆原为丁汝昌寓所，位于威海市刘公岛北洋海军提督署西200米处的向阳坡上。始建于1888年，北洋海军成军后，丁汝昌携家眷进居刘公岛，在此居住达6年之久。

该建筑为砖石结构，由左、中、右三套院落组成，占地约15000平方米。西院为内寓，东院为侍从住房，中院为丁汝昌办公会客的地方。中院与东、西院有圆门相通，如今陈列着丁汝昌生前用过的部分家什、字画；院内有百年紫藤，是丁汝昌亲手所植，至今仍根深叶茂。大门两侧为门房，如今是介绍丁汝昌生平的展室。寓所门前，矗立着高3.8米的丁汝昌铜像一尊。东西两侧建有红柱飞檐的六棱形凉亭。

龙王庙及戏台

LONGWANGMIAOJIXITAI

所属景区：刘公岛景区
所在位置：位于北洋海军提督署西约100米
景源级别：一级景源
景源类型：人文景源—建筑—宗教建筑
地理坐标：37°30′02″N，122°10′30″E

龙王庙位于刘公岛北洋海军提督署西约100米。始建于明代，清代重修。占地面积0.3公顷，建于清代，北洋海军时期重修。整个建筑古朴典雅呈四合院状，前后殿、东西厢房均为举架木砖结构。正殿中间塑有龙王像，神气活现，左右站列龟丞相和巡海夜叉，两边墙壁绘有古代传说故事壁画，形象逼真。东厢房陈列两块石碑，分别题刻"柔远安迩"和"治军爱民"碑文，均为光绪十六年刘公岛绅商为丁汝昌和张文宣所立。旧时，每年的农历正月初一或六月十三龙王生日这天，岛里岛外的渔民纷纷进香跪拜，祈求龙王保佑海上平安。甲午战争前，凡过往船只只要在岛上停靠，皆来此拈香祈福，北洋海军也信奉龙王，一时香火旺盛。丁汝昌殉国后，其灵柩曾厝置此处。后来岛上居民在庙内设其牌位，四时祭祀，所以龙王庙又名丁公祠。

戏台位于龙王庙对面，总建筑面积 69 平方米，使用面积 53 平方米。分前后台两部分。台高 1.76 米，宽 5.8 米，深 5.6 米，台面几呈正方形。舞台四角四根石柱，柱高 3.33 米，台口两根石柱，雕刻一副对联："龙袍乌纱帽如花石斑斓辉光照耀玉皇阁；吹响管弦声似波涛汹涌音韵传闻望海楼"。台檐面额在浮雕神像衬托下，雕有"寰海镜清"四个字。后台石柱里侧，东西各有一门，宽 0.63 米，为上下台门道。正面石墙上立镂花窗隔，窗隔两旁立红漆柱，柱旁各开一门，为演出时出将入相的鬼门道。后台 3 间，宽 4.6 米，屋长 7.8 米。后墙中间向南面海有一大格窗，屋上各有一圆形图案窗，前台内以木椽方砖攒顶，外是单檐卷棚歇山。四面斗拱挑风，雕花档檐，档檐板内画八仙、山水花草，外雕吉祥图案。后台为重檐歇山，外形十分壮观。戏楼与龙王庙相距 17 米。龙王庙旧址曾系北洋水师提督丁汝昌住处。戏台左角 5 米处有一株古老槐树，疑是与建戏楼同时栽种。据说每逢龙王庙会，或水师出征凯旋、节日圣典，都要演戏庆贺。戏楼至今保存完好。

北洋海军提督署

BEIYANGHAIJUNTIDUSHU

| 所属景区：刘公岛景区
| 所在位置：位于刘公岛南岸中西部
| 景源级别：一级景源
| 景源类型：人文景源—建筑—宫殿衙署
| 地理坐标：37°30′01″N，122°10′35″E

    北洋海军提督署位于刘公岛南岸中西部，丁公路与旗顶街交汇处西。始建于1887年，占地17000平方米，又称"水师衙门"，是中国近代史上第一支海军——北洋海军的军事指挥中心。当年北洋海军提督丁汝昌就在这里谋划指挥军事事宜。

    提督署建筑为举架砖木结构，按中轴线建前、中、后三进院落，有两道过廊贯穿南北，没进院落的中厅分别为礼仪厅、议事厅、祭祀亭，均为七前后廊硬山建筑，并分别附有东西侧厅、厢房。整座建筑画栋雕梁，精描彩绘，朱红圆柱，青瓦飞檐，系古典式建筑。1891年，直隶总督兼北洋大臣李鸿章到威海巡阅北洋海军，曾在此处观礼，并在厅前检阅舰队操演。

北洋海军提督署正面大门上方，悬挂李鸿章题"海军公所"匾额。两侧边门，分别绘有秦琼、敬德神像，描金点漆，肃穆威严。大门外东西两侧各置乐亭一座，为庆典、迎宾的鸣金奏乐之所。乐亭前面，建有东西辕门，样式恰似古典牌楼。门前广场对称竖立旗杆两支，青龙军旗迎风猎猎，颇壮军威。西辕门以西20米处，建一座二层瞭望楼，登楼远眺，港内舰船活动尽收眼底。

旗顶山炮台位于海拔 153.5 米的刘公岛最高峰旗顶山，建成于清光绪十六年（1890），是当时北洋海军在刘公岛设立的六座炮台中海拔最高的一座。炮台南侧依崖而建兵舍、掩体及弹药库。炮台大炮毁于战火，其他遗址保存较好。2004 年复制 24 厘米口径德国克虏伯大炮 2 门，安装于炮台旧址。

旗顶山炮台

QIDINGSHANPAOTAI

所属景区：刘公岛景区
所在位置：位于刘公岛最高峰旗顶山
景源级别：一级景源
景源类型：人文景源—建筑—工程构筑物
地理坐标：37°30′25″N，122°10′45″E

东泓炮台

DONGHONGPAOTAI

所属景区：刘公岛景区
所在位置：位于刘公岛东端的东泓
景源级别：一级景源
景源类型：人文景源—建筑—工程构筑物
地理坐标：37°29'58"N，122°12'16"E

东泓炮台位于刘公岛东端的东泓,建于1889—1890年。当时设24厘米口径平射炮2门,12厘米口径平射炮2门,7.5厘米口径行营炮2门。地道为砖石结构,拱券弯顶。最高处4米、宽3.2米。平均高、宽在2.6米左右。有完好的通气设备。炮台前依山建兵舍11间,隐蔽坚固,屋内相互贯通,有7个大门,进出方便,每间兵舍约22平方米。甲午战争时,炮台毁于战火,现遗址处存有2004年复制大炮一门,兵舍保存完好。

　　1988 年，丁汝昌寓所刚开放的时候，紫藤主干高 2 米、直径达 20 多厘米。当时树干的顶部已有枯死部分，但它的生命力很顽强，在主干周围又长出了许多新的藤枝，成了一棵很典型的"子母树"。

　　现在这棵紫藤树枝叶交错，盘根错节，基部有 16 个分枝，冠幅 5 米 ×4.8 米；树皮深灰色，小枝暗灰色，嫩枝暗黄绿色；奇数羽状复叶互生，小叶全缘，椭圆形或卵状披针形。小花梗细，花冠紫色，旗瓣宽卵圆形，龙骨瓣近肾形。

　　每年 5 月紫藤花就会陆续绽放，花期 20 多天。花开时节，花繁叶茂、流芳吐艳，满院鲜花的香气惹得人见人赞，是见证北洋海军建军的活文物。

百年紫藤
BAINIANZITENG

所属景区：刘公岛景区
所在位置：位于丁汝昌寓所院内
景源级别：二级景源
景源类型：自然景源 - 生景 - 古树名木
地理坐标：37°30′07″N，122°10′24″E

在刘公岛丁汝昌寓所内，院内有 2 株百年紫藤，西侧一株是丁汝昌亲手所植，至今仍根深叶茂。

丁汝昌，清朝北洋水师提督，紫藤系丁汝昌迁入寓所当年亲手栽植，目前老干已枯死，发出的新枝虬曲，长势正常，树龄 120 余年。

百年龙柏

BAINIANLONGBAI

所属景区：刘公岛景区
所在位置：位于刘公岛南坡岸边
景源级别：二级景源
景源类型：自然景源—生景—古树名木
地理坐标：37°29′54″N，122°10′59″E

  当年刘公为了给过往的船民遮阴休息，特地在刘公岛南坡的岸边，种植了3株龙柏树，一直繁茂地生长了近2000年。人们称之为"刘公龙柏"。这3株古柏在甲午战争中被毁。岛上居民为了纪念刘公，在原址上又重新栽植了3株龙柏树，至今树龄已达百余年。

  3株龙柏最西侧的一株，生长于刘公岛甲午战争博物院陈列馆东300米处的海岸上，树龄310余年。3株龙柏株距较近，被称为"龙柏三兄弟"。在龙柏树稍北处有一座小别墅，为原英海军舰队司令部避暑别墅。在英租借威海卫期间，每年夏季英国太平洋舰队来刘公岛避暑时，舰队司令便住此处，喜欢在龙柏树下纳凉。

黑鱼岛
HEIYUDAO

所属景区：刘公岛景区
所在位置：位于刘公岛北侧 0.1 千米
景源级别：二级景源
景源类型：自然景源—地景—洲岛屿礁
地理坐标：37°30'38"N，122°11'43"E

位于刘公岛北侧 0.1 千米，因岛上岩石为暗黑色，状似鱼头得名。航海资料称其为黑鱼屿，俗称黑鱼头。呈南北走向，长 100 米，东西最宽处 30 米，面积 2500 平方米，海拔 8.8 米。岛岸线长 0.21 千米。属大陆岛，由下元古代胶东岩群的片麻岩组成。表层岩石裸露，无植被，无水源。

旗顶山黑松林森林

QIDINGSHANHEISONGLINSENLIN

所属景区：刘公岛景区
所在位置：位于刘公岛旗顶山
景源级别：二级景源
景源类型：自然景源—生景—森林
地理坐标：37°30′28″N，122°10′55″E

　　刘公岛由于长期作为军事关键地带，经常处于荒岛状态。英帝国主义强占威海后，曾从日本引入黑松苗10万株植于刘公岛外码头区，森林覆盖率逐渐提高。新中国成立后，继续植树造林。

麻井子船坞

MAJINGZICHUANWU

所属景区：刘公岛景区
所在位置：位于刘公岛西部南岸
景源级别：二级景源
景源类型：人文景源—建筑—工交建筑
地理坐标：37°30′06″N，122°10′03″E

位于刘公岛西部南岸，水师学堂与黄岛之间，建于清光绪十三年（1887），占地8万多平方米。船坞的泊船坞池的平面呈不规则的梯形，由方形块石砌成。北侧的堤坝长280余米，为当年填海而成，同时兼作连接黄岛炮台的通道。南侧堤坝长320米，是舰船的主要停靠区。

公所后炮台

GONGSUOHOUPAOTAI

所属景区：刘公岛景区
所在位置：位于刘公岛北侧 0.1 千米
景源级别：二级景源
景源类型：自然景源—地景—洲岛屿礁
地理坐标：37°30'38"N，122°11'43"E

位于刘公岛北洋海军提督署的西北约 870 米，建于 1889 年。炮台设 24 厘米口径地阱炮 2 门，7.5 厘米口径行营炮 6 门。倚山势建兵舍 14 间，炮手可由地道直达炮位。1987 年修复一座地阱炮位，兵舍坑道现保存完好。

英蒸馏所

YINGZHENGLIUSUO

所属景区：刘公岛景区
所在位置：位于西南铁码头东
景源级别：二级景源
景源类型：人文景源—建筑—其他建筑
地理坐标：37°30′04″N，122°10′18″E

位于西南铁码头东，建于英租时期（1898—1930），建筑面积约700平方米，建筑结构为砖石结构，欧式风格，建于铁码头东海边。

机器局

JIQIJU

所属景区：刘公岛景区
所在位置：位于铁码头北
景源级别：二级景源
景源类型：人文景源—建筑—工交建筑
地理坐标：37°30'05"N，122°10'13"E

建成于19世纪80年代，主要负责北洋海军军舰的小型维修和零件制配。英租时期为英军刘公岛基地修船所，从事锻打、铸造、木工、油漆、机修等业务，设有桶匠作坊、海军粮仓、救火仓等。

建成于19世纪80年代，负责刘公岛北洋海军各项工程的营建，待工程完毕后，再负责管理刘公岛机器局、屯煤所、铁码头等北洋海军配套机构。

工程局
GONGCHENGJU

所属景区：刘公岛景区
所在位置：位于机器局北
景源级别：二级景源
景源类型：人文景源—建筑—工交建筑
地理坐标：37°30'06"N，122°10'14"E

屯煤所
TUNMEISUO

所属景区：刘公岛景区
所在位置：位于鱼雷修理厂东
景源级别：二级景源
景源类型：人文景源—建筑—工交建筑
地理坐标：37°30′05″N，122°10′17″E

　　库房内部的立柱由砖石砌成，屋顶由钢架构筑，钢质优良，虽历经百年风雨，但钢质屋架仍保持完好如初。新中国成立后，该建筑由驻岛人民海军管理。2017年，刘公岛管理委员会对屯煤所进行修缮，辟建"历史选择展馆"，使闲置了几十年的历史建筑重放异彩。

鱼雷修理厂

YULEIXIULICHANG

所属景区：刘公岛景区
所在位置：位于机器局东
景源级别：二级景源
景源类型：人文景源—建筑—工交建筑
地理坐标：37°30′05″N，122°10′15″E

鱼雷修理厂是维护、保养鱼雷艇和鱼雷的机构。

铁码头

TIEMATOU

所属景区：刘公岛景区
所在位置：位于刘公岛西南
景源级别：二级景源
景源类型：人文景源—建筑—工交建筑
地理坐标：37°29′56″N，122°10′16″E

  铁码头位于刘公岛西南、北洋海军提督署西450米。清光绪十五年（1889）由道员龚照玙主持筹备建造，1891年竣工，是北洋海军舰艇的停泊之所。墩桩"用厚铁板钉成方柱，径四五尺，长五六丈，中灌水泥，凝结如石，直入海底"。上部改接铁架，长205米，宽6.9米，水深7米。

康来饭店
KANGLAIFANDIAN

所属景区：刘公岛景区
所在位置：位于北洋海军提督署以东 120 米景
源级别：二级景源
景源类型：人文景源—建筑—商业建筑
地理坐标：37°29′59″N，122°10′43″E

    位于北洋海军提督署以东 120 米，该建筑占地面积 1.4 公顷，场地海拔 10.23~12.8 米，使用面积 3287 平方米。坐北朝南，砖石结构，主体两层。设有四面坡黑皮铁瓦屋顶，平面近似长方形，建有外廊，建筑总长 70.7 米，高度 12.54 米。建筑风格为欧式，立面构图严谨，细部处理精致。

共济会会馆旧址
GONGJIHUIHUIGUANJIUZHI

所属景区：	刘公岛景区
所在位置：	位于国家森林公园西侧
景源级别：	二级景源
景源类型：	人文景源—建筑—文娱建筑
地理坐标：	37°30′07″N，122°10′33″E

　　位于刘公岛国家森林公园西侧，是英租刘公岛期间贵族最主要的社交娱乐场所。英国租占威海卫后，大批海军人员包括共济会会员进入威海卫。1909年6月建设了两层砖石结构、建筑面积658平方米的现会馆，1910年5月完工。

北洋海军忠魂碑

BEIYANGHAIJUNZHONGHUNBEI

所属景区：刘公岛景区
所在位置：位于北洋海军提督署后约 300 米山顶
景源级别：二级景源
景源类型：人文景源—建筑—纪念建筑
地理坐标：37°30′15″N，122°10′39″E

北洋海军忠魂碑位于刘公岛北洋海军提督署后约 300 米山顶上，是 1988 年 10 月为纪念北洋海军成军 100 周年而建，呈六棱形，高 28.5 米，上部正面是"北洋海军忠魂碑"七个金黄大字，下部碑文两侧是北洋海军将士浴血奋战、英勇杀敌的群体浮雕。碑由雪花大理石镶嵌。

基督教礼拜堂
JIDUJIAOLIBAITANG

所属景区：	刘公岛景区
所在位置：	位于北洋海军提督署东北 200 米
景源级别：	二级景源
景源类型：	人文景源—建筑—宗教建筑
地理坐标：	37°30′05″N，122°10′40″E

基督教礼拜堂位于刘公岛北洋海军提督署东北 200 米处，建于英租时期（1898—1930），建筑占地为 294.80 平方米，朝向为南北向，砖石结构，层数为一层，建筑小巧别致，平面布局合理，为典型欧式教堂风格。目前保存完好。

中国甲午战争博物院陈列馆
ZHONGGUOJIAWUZHANZHENGBOWUYUANCHENLIEGUAN

陈列馆占地面积10000多平方米，分上下两层，以《甲午战争史实展》为基本陈列，通过翔实的文物、史料，全面展示甲午战争历史画面，是进行爱国主义教育的重要场所。陈列馆主体建筑由著名的建筑设计大师、中国科学院院士彭一刚设计，该建筑创造性地将象征北洋海军舰船的主体建筑与巍然矗立的北洋海军将领塑像融为一体，被誉为"20世纪中华百年建筑经典"。

所属景区：刘公岛景区
所在位置：位于刘公岛南坡
景源级别：二级景源
景源类型：人文景源—建筑—文娱建筑
地理坐标：37°29'55"N，122°10'57"E

东村

DONGCUN

所属景区：刘公岛景区
所在位置：位于刘公岛博览园东 300 米处
景源级别：二级景源
景源类型：人文景源—建筑—民居宗祠
地理坐标：37°29'58"N，122°11'09"E

  东村是岛上唯一的村落，始建于 1918 年，英军占领刘公岛后，出于军事和卫生考虑，把岛上中国居民全部迁出。当局将原来的中国房屋全部拆毁，按照英国卫生建筑标准，新建了东村和西村，东村现有居民 50 多户 140 多人，大多居民从事旅游服务工作。

蓬莱阁景区

PENGLAIGEJINGQU

概述

蓬莱阁景区位于蓬莱市北部临海的丹崖山周边，蓬莱阁景区由蓬莱阁古建筑群—蓬莱水城—田横山和戚继光故里两部分组成。蓬莱阁坐落于丹崖山之巅，始建于北宋嘉祐年间，明代扩建，重檐歇山顶，高15米，四周绕以回廊，上悬"蓬莱阁"金字匾额，是清代书法家铁保所书。阁南有三清殿、吕祖殿、天后宫、龙王宫、观澜台等道教建筑群，布局高低错落有致，与蓬莱阁浑然一体，故统称为"蓬莱阁"。

蓬莱水城坐落于丹崖山东麓，又名备倭城，自古就是海防要塞和海运枢纽。水城背山面海，陡壁悬崖，天险自成，汉唐时已成为军事重地。北宋庆历二年（1042）在此始建海防设施，设"刀鱼巡检"。明初洪武九年（1376）建立水城，永乐六年（1408）设"倭都指挥使司"，万历二十四年（1596）设"总兵署都督检事"，统辖山东沿海的战防事宜，兼管海运，著名的抗倭将领戚继光就曾率水师在此备战抗倭，清初也派有重兵把守。

田横山位于蓬莱阁丹崖山西侧，山上建有灯塔，它与旅顺老铁山灯塔的连线即为黄、渤二海分界线，因此具有"一山分二海"的独特地理地位，田横山海拔72米，东南与丹崖山相连，岩石亦呈赭红，属震旦纪含铁石英岩，远观，同样具有"水碧山红"的丹崖景致特点，东、北、西面悬崖陡峭，田横山为秦末齐王田横屯兵处，存有遗迹。

戚继光祠堂位于蓬莱阁府前街东侧，明崇祯八年（1635）为褒扬戚继光而建，赐额"表功祠"。祠堂于清康熙四十六年（1707）重修，1985年征为国有，并全面修复。祠为三进院落家庙式建筑。戚继光牌坊位于蓬莱城牌坊里街东西两端，东为"母子节孝"坊，西为"父子总督"坊，明嘉靖四十四年，朝廷为旌表戚氏家族而建。

蓬莱阁古建筑群
PENGLAIGEGUJIANZHUQUN

所属景区：蓬莱阁景区
所在位置：位于蓬莱水城丹崖山上
景源级别：特级景源
景源类型：人文景源
地理坐标：37°49'34"N，120°44'56"E

蓬莱阁古建筑群坐落在县城西北的丹崖山巅，创建于北宋嘉祐六年（1061），为我国古代四大名楼之一。蓬莱阁古建筑群依山就势，虎踞丹崖、云拥浪托，由蓬莱阁、天后宫、龙王宫、吕祖殿、三清殿、弥陀寺等6个单体和附属建筑共同组成规模宏大的古建筑群，另外，还包括胡仙堂、澄碧轩、避风亭、卧碑亭、苏公祠、普照楼、宾月楼、戏楼、丹崖仙境坊、白云宫门、感德碑亭、仲连祠及唐槐、"寿"字碑、坤爻石等景观资源，占地32800平方米，建筑面积18960平方米，为国家级重点文物保护单位。

　　蓬莱主阁建于丹崖山顶，远远望去，楼亭殿阁掩映在绿树丛中，高踞山崖之上，恍如神话中的仙宫。蓬莱阁主阁为双层歇山并绕以回廊，上悬清书法家铁保手书的金字匾额，给人以浑厚凝重之中不失明媚亮丽的感觉。登阁环顾，神山秀水尽收眼底。由于得天独厚的地理环境，这里不仅一年四季景色有异，就连一日之间也变幻无穷，清晨，在观澜亭看红日初升，霞光万道，蔚为壮观；黄昏，漫步阁下赏晚潮万顷，富有诗情画意。世传蓬莱有十处仙景。千百年来，慕名而至的文人墨客络绎不绝，虽然大饱眼福的人不过十之一二，却留存了观海述景的题刻二百余石。近代爱国将领冯玉祥也为此题写了"碧海丹心"四个遒劲有力的鲜红大字。虚幻的琼楼玉宇为古老的"蓬莱仙境"增添了神奇的色彩，如今，整修一新的古阁又焕发出炫目的光彩，以崭新的姿态迎接着游人，激发着人们对美好未来的追求。

蓬莱阁水城

PENGLAIGESHUICHENG

水城位于县城西北丹崖山东侧。宋庆历二年（1042）于此建停泊战船的刀鱼寨。明洪武九年（1376）在原刀鱼寨的基础上修筑水城，总面积 27 万平方米，南宽北窄，呈不规则长方形。它负山控海，形势险峻，其水门、防浪堤、平浪台、码头、灯塔、城墙、敌台、炮台、护城河等海港建筑和防御性建筑保存完好，是国内现存最完整的古代水军基地。如今，水城包括小海、太平楼、水城城墙、备倭督司府、校场、振扬门、三官庙等多处风景资源。

所属景区：蓬莱阁景区
所在位置：位于丹崖山东侧
景源级别：一级景源
景源类型：人文景源
地理坐标：37°49′21″N，120°44′59″E

戚家牌坊

QIJIAPAIFANG

所属景区：蓬莱阁景区
所在位置：位于牌坊里街东西两端
景源级别：一级景源
景源类型：人文景源
地理坐标：37°48'34"N，120°44'49"E

　　戚家牌坊位于戚继光祠南侧约 100 米牌坊里街东西两端，东为"母子节孝"坊，西为"父子总督"坊。明嘉靖四十四年（1565）建，两坊间距 140 米，均系四柱三间五楼云檐多脊花岗岩石雕坊，高 9.5 米，宽 8.3 米，进深 2.7 米。正间上下三坊，镂雕"丹凤朝阳""二龙戏珠""狮子滚绣球""鱼龙变化""麒麟与凤凰"等图案，侧间各有两坊，亦分别雕饰花木鸟兽等图案。两座牌坊巍峨挺拔，气势雄伟，构图丰满，雕镂精细，具有很高的历史价值和艺术价值，是国内少见的明代大型石雕珍品。

丹崖山
DANYASHAN

所属景区：蓬莱阁景区
所在位置：位于蓬莱阁水城北
景源级别：二级景源
景源类型：自然景源
地理坐标：37°49'36"N，120°44'56"E

　　丹崖山海拔 60 米，因山石呈红褐色，又绝壁高耸，故名为丹崖山。临海，有山海之胜，宋代登州郡守朱处约于丹崖山巅首建高阁，亦以蓬莱名之，是为蓬莱阁。山上出土独特的坤爻石。

黄渤海分界线
HUANGBOHAIFENJIEXIAN

| 所属景区：蓬莱阁景区 |
| 所在位置：位于田横山北侧 |
| 景源级别：二级景源 |
| 景源类型：自然景源 |
| 地理坐标：37°49′53″N，120°44′36″E |

黄渤海分界线位于田横山北侧，黄海与渤海在此交汇。

戚继光祠堂
QIJIGUANGCITANG

| 所属景区：蓬莱阁景区 |
| 所在位置：位于府前街中段东侧 |
| 景源级别：二级景源 |
| 景源类型：人文景源 |
| 地理坐标：37°48′37″N，120°44′50″E |

戚继光祠堂位于县城府前街中段东侧，明崇祯八年（1635）为褒扬戚继光而建，御笔亲题"表功祠"。祠堂于清康熙四十六年（1707）重修，1985 年征为国有，并全面修复。祠为三进院落家庙式建筑，门房、正祠各 3 间，均为单檐硬山砖石木结构，占地 595.1 平方米。

成山头景区
CHENGSHANTOUJINGQU

概述

　　成山头又名天尽头，位于山东省荣成市龙须岛镇，因地处成山山脉最东端而得名。成山头三面环海，一面接陆，是中国陆海交接处的最东端，最早看见海上日出的地方，自古就被誉为"太阳启升的地方"。成山头景区风景资源沿海岸带分布，侵蚀性基岩海岸曲折多变，海蚀地貌丰富，岬角、岩岸景源十分突出，同时秦皇汉武东巡到此，留下了丰富的秦汉史迹，具有较高的历史价值。根据以上分析规划确定成山头景区西起滨海路，西南到酒楼岛，东至海岸线，北至海沟南岸。

柳夼红层沙岩

LIUKUANGHONGCENGSHAYAN

所属景区： 成山头景区
所在位置： 位于成山头北部滨岸
景源级别： 一级景源
景源类型： 自然景源—地景—地质珍迹
地理坐标： 37°23'46"N，122°42'14"E

柳夼红层沙岩是花岗岩层面上形成的特殊的沉积构造，是成山头北部滨岸为岬角—海湾地貌发育的侵蚀—沉积复合环境，出现于海湾凹地至斜坡上，海拔高度低于 60 米。

天尽头
TIANJINTOU

所属景区：成山头景区
所在位置：位于景区最东端
景源级别：一级景源
景源类型：自然景源—地景—洲岛屿礁
地理坐标：37°23'44"N，122°42'19"E

　　天尽头位于景区最东端，是一块突出于大海之中的陆地，是中国陆地的最东端。它悬崖峭壁，三面环海。1984年10月23日，胡耀邦同志视察成山头，有感而发，挥笔手书"心潮澎湃""天尽头"七个字，"天尽头"三字立碑于此，碑高180厘米，碑宽85厘米，碑厚35厘米。这里是最早看见海上日出的地方，被誉为"太阳启升的地方"，又称"中国的好望角"。原名成山头，但是老百姓却习惯称它为天尽头。据史书记载，秦始皇曾两次到达天尽头，并曾令宰相李斯在此刻碑纪念。

海龙石
HAILONGSHI

所属景区：成山头景区
所在位置：位于景区北部偏东
景源级别：二级景源
景源类型：自然景源—地景—洲岛屿礁
地理坐标：37°23′45″N，122°42′15″E

　　海龙石在威海城区北部偏东，柳树湾口北侧。航海资料称其为海龙石，由来不详。明礁，呈西北至东南向分布，长约30米，宽约20米，面积约600平方米。由暗黑色的片麻岩组成，海拔2.5米。周围水深约20米。

始皇庙

SHIHUANGMIAO

所属景区：成山头景区
所在位置：位于成山峰下阳坡上
景源级别：二级景源
景源类型：人文景源—建筑—宗教建筑
地理坐标：37°23′32″N，122°41′51″E

始皇庙坐落在成山峰下阳坡上，是秦始皇在公元前 210 年东巡成山头时建造的行宫。后来当地人民为了纪念秦始皇曾经到过这里改建，2010 年始皇庙对外开放。庙内有前殿日主祠、正殿始皇殿、东殿东后宫、邓公祠、钟楼、戏台。

秦桥遗迹
QINQIAOYIJI

所属景区：成山头景区
所在位置：位于成山头南侧大海中
景源级别：二级景源
景源类型：人文景源—胜迹—遗址遗迹
地理坐标：37°23′38″N，122°42′14″E

  秦桥又名秦皇桥，在成山头南侧大海中，由海中4块巨石天然构成。由于礁石嵯峨，若断若连，随潮涨落，出没海面，其形如桥，似人工架设相传，当年秦始皇要到东海的三神山去采集长生不老的仙药，便在这里修建石桥，后人称之为秦皇桥。

拜日台遗址
BAIRITAIYIZHI

所属景区：成山头景区
所在位置：位于成山头山顶
景源级别：二级景源
景源类型：人文景源—胜迹—遗址遗迹
地理坐标：37°23′41″N，122°42′03″E

距今 2500～4000 多年的夏商周时期，胶东沿海的东夷人非常崇拜太阳，据说八神之一的太阳神就居住在此地。秦始皇统一天下后，曾两次东巡成山头，命人在山顶筑台摆贡，祭拜日神。秦始皇拜日在成山头立石为证，只是日久，风蚀雨淋，原石碑早已不复存在，现在在原遗址处重立石碑，以纪念始皇拜日。此后，汉武帝、康熙帝也到此拜日。

射鲛台遗址
SHEJIAOTAIYIZHI

所属景区：成山头景区
所在位置：位于景区南侧海边
景源级别：二级景源
景源类型：人文景源—胜迹—遗址遗迹
地理坐标：37°23′29″N，122°42′03″E

传说秦始皇拨给徐福三千童男童女及大量金银，让他们寻找仙草。徐福找不到长生仙草，骗始皇曰：东海有一条大鲛保护仙草，阻挡在海面上，不能靠近仙草。始皇遂召集优秀射手，站在海边的一块大礁上箭射鲛鱼。这块礁石遂得名射鲛台。

博山风景名胜区
BOSHANFENGJINGMINGSHENGQU

① ② ③ ④ ⑤ ⑥

石门景区

白石洞景区

樵岭前景区

五阳山景区

开元溶洞景区

鲁山景区

博山风景名胜区
BOSHAN FENGJING MINGSHENGQU

概述

博山风景名胜区位于淄博市山区的东南、西北部，是国务院于 2002 年审定公布的第四批国家级风景名胜区。风景名胜区包括虎山、石门、白石洞、原山、樵岭前、五阳山、五阳湖、开元溶洞、鲁山 9 个景区。总面积 79.99 平方千米，风景名胜区是以山、水、林、泉、洞等自然景观、齐长城遗址等人文景观为风景特征；陶琉文化等地方民俗文化为内涵，具有观光、科考、度假、健身等多功能的山岳型国家级风景名胜区。

风景特点

风景名胜区内重峦叠嶂、外群山环抱，形成了良好的自然景观骨架。风景秀丽的鲁山，雄峙于博山东南部。作为山东省第四座高峰，鲁山山体高大，气势雄伟，奇峰、秀岭、怪石、雄崖、洞穴、裂隙比比皆是；观云峰、卧龙山，峰峰争秀。樵岭前景区峰秀岩峭；五阳山景区山崖险峻；石门、白石洞景区群山环抱，峰峦层叠、沟深林茂，山顶多峭壁悬崖，溪谷内有溪水长流。

其风景特征可概述为连绵起伏的峰峦沟峪、生机灵动的泉瀑湖泊、繁茂丰富的森林植被、扑朔迷离的幽深溶洞、古老悠久的历史遗迹、质朴优美的山村田园、丰厚独特的民俗文化。

资源价值

风景名胜区中人文景源以建筑居多，胜迹为次。其中，始建于战国时期的齐长城遗址，是中国最古老的长城，比秦始皇修建的秦长城还要早 200 多年，是国家重点文物保护单位、世界文化遗产；西厢村、龙堂村、和尚房村、五阳山古建筑群、古庙群等民居宗祠和宗教建筑，奠定风景名胜区内基础人文风貌。

　　风景名胜区中自然景源涵盖 4 个种类，以地景为盛，辐射山景、石林石景、洞府、峡谷，类型丰富；水景位居第二，湖、泉、溪、瀑交相辉映。其中，开元溶洞景观价值最为突出，是地景类景源中唯一一处一级景源。另外，鲁山景区的落叶松林、油松林、赤松林、观云峰、卧龙山、枣树峪瀑布，石门、白石洞景区的小黄山、夹谷台、白石洞、龙门天池，樵岭前景区的淋漓湖、王母池、博山溶洞，五阳山景区的古柏群等有一定的景观价值。

石门景区
SHIMENJINGQU

概述

　　石门位于博山城区西北约 20 千米处，该景区地形地貌以山地为主，山地、丘陵面积占景区面积的 90% 以上，沟峪丛生，植被覆盖率高。以"山重而多奇，水丰而秀丽"为主要特色，青山、碧水、茂林、古村为其景观特色。主要景源有龙门天池、夹谷台、十八盘、小黄山等。由于断裂抬升和切割作用，景区地势起伏，群山环抱，峰峦层叠，多峭壁悬崖，溪谷内细水长流，四季不断，水质优良；山林葱郁，森林覆盖率较高，主要有侧柏、刺槐、柿子、栾树、拐枣、银杏和黄栌等大量色叶树种，形成了林壑幽深、夏日绿树荫荫、秋季红叶漫山的景观；景区内生态环境得天独厚，鸟语花香，大气负氧离子含量较高。另外，区内种植有大面积的山楂、杏、花椒、桃等。其山，绝壁突兀而立，村庄房舍随山势所建，青崖石、青石房、茅草顶，或依岩隙而构，或凭曲阶、石桥佝偻而登，错落相间。目前，西厢、龙堂、东厢等村庄保存较为完好，生态环境优越，没有建设性破坏。

齐长城遗址
QICHANGCHENGYIZHI

所在景区：石门景区
所在位置：位于逯家岭北山
景源级别：一级景源
景源类型：人文景源—胜迹—遗址遗迹
地理坐标：36°31'3"N，117°45'20"E

　　史载，齐长城始建于公元前555年以前的齐桓公时代。当时，晋国联合鲁、宋、卫等国伐齐，齐灵公被迫将济水以南依临山的一段水坝加宽、加厚、加高，以阻挡联军。这便是作为军事防御工程的齐长城最初的由来。经齐灵公、齐威王增修，至齐宣王时基本完成，前后经历400多年，是中国现存最古老的长城。位于石门景区的逯家岭北山—风门道关口遗址段保存较好，立有全国重点文物保护单位标志碑一方，段落规模长1080余米，墙高2.7米、宽1.7米，整体采用青石板材料和干砌法砌筑而成。

小黄山
XIAOHUANGSHAN

所在景区：石门景区
所在位置：位于石门村西南
景源级别：二级景源
景源类型：自然景源—地景—山景
地理坐标：36°32'15"N, 117°45'53"E

在博山城西北部，石门村西南 3.5 千米处，有一座突兀的高山，山上石壁、石柱如林，就像黄山西海一般，因此称为小黄山。

夹谷台
JIAGUTAI

所在景区：石门景区
所在位置：位于石门村西北
景源级别：二级景源
景源类型：自然景源—地景—山景
地理坐标：36°33'8"N，117°47'21"E

位于博山城区西北部,在石门村西北1.5千米处,山形为3层台式,海拔708.5米,山顶平坦开阔。在夹谷台一层与二层悬崖之间,及底层崖根处,分布着大量山洞,有夹谷洞、朝阳洞、心洞、大瓮洞、阁老洞、大鬼洞、小鬼洞、石窗户等30余处山洞。洞深15～80米不等。最深为心洞,80余米。

龙门天池
LONGMENTIANCHI

所在景区：石门景区
所在位置：位于镇门峪村南
景源级别：二级景源
景源类型：自然景源—水景—湖泊
地理坐标：36°33′24″N，117°43′48″E

龙门天池又称镇门峪水库，竣工于 1988 年，1992 年为开发旅游业，环四周进行绿化，夏季绿树成荫，可供游人餐饮小憩，金秋时节，层林尽染，令人流连忘返。

白石洞景区

BAISHIDONGJINGQU

概述

白石洞山系属原山山脉，位于博山西域城村以西，主峰海拔 585 米。白石洞，又名过雨岩。《山东古迹名胜大观》记述："山多白石，巉岩欲坠，洞在半山，有龙神祠。林壑幽深，间以枫树。每逢岁寒霜叶松涛，点缀其间，诚佳境也。"又记："具城西北十里，西域城西，柿岩以北，参政赵进美（明崇祯年间进士）易名过雨岩。"白石洞美，美在山色；白石洞奇，奇在山容。山榆、流苏、黄栌、乌桕，树树交错，把头上的蓝天遮个严严实实。若赶上暮秋时节，鹅黄、橘黄、绛紫，万木霜天沐金风。白石洞，洞在半山，晶莹白石镶嵌洞口；悬崖欲坠，细水涓涓流出石缝。白石洞山林资源丰富，除了繁多树种外，还盛产中草药材，有益母草、远志、柴胡、车前子、半夏等几十种。动物以兔、鼠、蛇类较多，獾狐少见。常见的鸟类有喜鹊、麻雀、啄木鸟、斑鸠及其他鸣鸟多种。龙神祠、团圆殿、玉皇阁，建筑独特，小巧玲珑。柿岩，因"柿林千树，高下扶疏"而得名。迤逦突翠，峰崖屹立，村民依岩布屋，"山从屋上风烟合，水抱村流涧相闻"。

白石洞
BAISHIDONG

所在景区：白石洞景区
所在位置：位于西域城村以西
景源级别：二级景源
景源类型：自然景源—地景—洞府
地理坐标：36°30′56″N，117°48′37″E

  白石洞属原山山脉，位于博山西域城村以西，主峰海拔585米。白石洞山系均为古代寒武纪和奥陶纪沉积岩层，以石灰岩分布为主，地质结构形式基本一致。有较大石洞7处，其中最大的是有泉水的石洞，小洞不下百处。尤其是半山腰石壁上随处可见大小不同的洞口，形态奇异。白石洞山谷东西走向，谷深1500余米，山顶至谷底60余米。山峰山谷植被茂密，有野生的山榆、山荆、翠柏，互相交错，编成篱阵，枝叶茂密。沿石阶攀上1500余米，前面出现一道陡峭石壁，形如张屏，高达30余米，长60余米，倾度90°以上。石质白色，形似刀劈，上面多是洞穴，石壁顶端，短松如盖，根出石上，缦岩而生，在石壁下瞻眺，只见石壁直立云天，有危危欲倾之感。石壁下有一大洞，高5米，深7米，洞外水池蓄满清波，洞内深处有一小洞，一泓清泉从中涌出，注入洞外水池中，泉水清凉甘洌，终年不涸。

白石洞古树群
BAISHIDONGGUSHUQUN

所在景区：白石洞景区
所在位置：位于白石洞建筑群周边
景源级别：二级景源
景源类型：自然景源—生景—古树名木
地理坐标：36°30′57″N，117°48′34″E

白石洞庙内外及石壁前古树多株，庙中月亮门外有一株古老银杏，胸径135厘米，高达30米，树龄600年以上。庙外有槐1株，胸径127厘米，高达25米，树龄500年以上。另有一株槐胸径79厘米，树龄500年以上。毛棶最大的一株胸径87厘米，树龄450年。元宝枫最大的胸径67厘米，树龄300年。黄连木最大的胸径67厘米，300年树龄。流苏树胸径63厘米，400年树龄。

和尚房古树群

HESHANGFANGGUSHUQUN

所在景区： 白石洞景区
所在位置： 位于和尚房村周边
景源级别： 二级景源
景源类型： 自然景源—生景—古树名木
地理坐标： 36°30′36″N, 117°47′50″E

  和尚房植被覆盖率达 95% 以上，而且山林资源丰富，其中不乏珍贵稀有树种。在村西的山坡脚下，有一株后娘木，树龄在百年左右，胸围 1 米，离地面 1.5 米以上，主干分成两枝，再向上 6 米左右，才长出侧枝，侧枝较少，但状如虬龙，叶为掌状，呈不规则七角形，整个主干向树旁的小溪倾斜，呈"S"形弯曲向上伸展，树高 15 米，冠幅不大，约 5 米见方，长势旺盛，有很强的观赏性。在村里还有一株号称"山东第一桧"的桧柏，远近闻名。此树位于和尚房村西，植根于巨石缝隙之中，背靠着黄崖石壁，主干挺拔，直插蓝天，树高达 37 米，胸围达 2.9 米，树龄在 300 年以上，在山东省确属罕见之桧树。此树笔挺伟岸，虬枝挺拔，从远处望去，树冠枝叶东侧略旺，冠幅南北 6 米，东西 7 米。树冠按长势可分成 5 个层次，呈宝塔形，极具观赏性，成为和尚房的标志性景观。据传，此树系孙之獬所植，官至清廷兵部尚书及翰林院侍讲学士的孙之獬，在南征时，带回一棵桧柏幼苗，辞官回家后，隐居和尚房，遂将该树植于此处，为后人留下了一道亮丽景观。在和尚房村东口，石王殿前尚存 5 株侧柏，树龄均在 300 年以上，在殿东侧 1 株，西侧由北向南并排 4 株，呈一直线，间距在 3 米。5 株树依崖傍水，长势旺盛。独立的 1 株，树高 15 米，胸围 1.4 米，枝下高 2 米，各侧枝均向上伸展，冠幅南北 8.3 米，东西 6.5 米，向南一枝，尤为伸展，一直延伸到路边。殿西侧的 4 株，树高均在 13 米左右，胸围最大达 1.5 米，其余三株胸围皆为 1 米，4 株树一字排开，又相互呼应，主干俯仰各异，冠幅均在 6 米见方，顶部侧枝走势各异，但又相互呼应，形成一个整体，游人到此，无不驻足观望。

樵岭前景区
QIAOLING QIANJINGQU

概述

位于博山区西南6千米处的群山绿水之间。景区内峰秀岩峭，茅舍错落，小桥流水，一派山野风光。山奇、水碧、林幽、景秀是其独有特色。景区自然环境优美，空气清爽，清泉、流水，没有半点污染，给人一种返璞归真的感觉，被誉为"鲁中山水画廊"。整个景区由博山溶洞、王母池、天星湖、齐长城遗址、淋漓湖等构成。

在樵岭前村南，有两段残留的古齐长城遗址及保留较好的拱桥一座，桥高约5米，宽3米，向东西延伸数里。齐长城是齐国的南部屏障，起初是为了防御南部的强大邻国鲁，后来楚国的势力向北扩张，长城又成了齐国防楚的重要屏障。樵岭前这段齐长城依山势而构筑，随沟壑而设防，蜿蜒起伏，雄伟壮观。

博山溶洞
BOSHANRONGDONG

所在景区：樵岭前景区
所在位置：位于樵岭前村东寨峪顶山
景源级别：二级景源
景源类型：自然景源—地景—洞府
地理坐标：36°26′50″N，117°49′17″E

位于樵岭前村东寨峪顶山，整个主洞周围支洞交错，洞中有洞，曲折幽邃，结构十分奇特，在北方地区十分罕见，洞内一般宽 10 米左右，最宽处 20 余米，最窄处仅容一人侧身方行。高一般 30 米左右，最高处达 50 余米，最低处须匍匐方可通过，被誉为"鬼斧神工的地下艺术宫殿"。洞口位于寨峪顶山山腰，整个山势拔地而起，气势雄伟，绝壁百丈，崖穴密布，岩鸽鹰隼，盘旋其上。寨峪顶带具有典型的喀斯特（熔岩）地貌特征。因洞口曲折向东，故又称为"朝阳洞"。洞内空气清新，常年流水，冬暖夏凉。整个溶洞是华北地区罕见的大型石灰岩洞穴系统。洞内遍布钟乳石、石笋、石柱、石花，犬牙交错，玲珑剔透，千奇百怪，五颜六色，形状万千，令人惊叹叫绝。

淋漓湖
LINLIHU

所在景区：樵岭前景区
所在位置：位于樵岭前村西北
景源级别：二级景源
景源类型：自然景源—水景—湖泊
地理坐标：36°27′45″N，117°47′22″E

　　水面数百亩，系一人工湖，原设计容水量为 250 万立方米。湖山掩映，恰似一幅酣畅淋漓的泼墨山水画卷。湖水烟波浩渺，波澜不惊，山如碧螺，倒映其中，正是"澄湖如镜碧参差，——青山倒影垂"。乘兴荡桨，舟身伴着涟漪，身入画图，优游适意。一袭风掠，"吹皱一池春水"。

五阳山景区
WUYANGSHANJINGQU

概述

因五峰簇拥向阳而得名，位于博山区石马镇。山崖险峻，古建筑临壑构造，以"石"为特色的天然与人工并造之景观：跨涧东西的"担山"石桥、"惠恰邻里""道统三三"等摩崖石刻，石条为台，石檐石屋，石阁石殿。醉酒台、雾云洞，皆天然生成，悬崖石壁缝中，五杈松柏，枝干虬曲，相传生在唐代贞观年间。五阳山以其自然植被引人入胜，森林覆盖率达90%以上，除建筑物、活动场地外，全部被林木覆盖，树种以柏树居多，兼有槐、枫树、苦楝、八茅枣、灯笼树等乔木百余种，另有无数灌木及藤本植物。

五阳山钟灵毓秀，文物古迹尚存很多，自明朝初期，佛教所信仰的释迦牟尼与四大佛祖，道教信奉的玉皇、三官等50多位神仙都落座于五阳山寺庙。古建筑庙群大小120余间，4000余平方米。

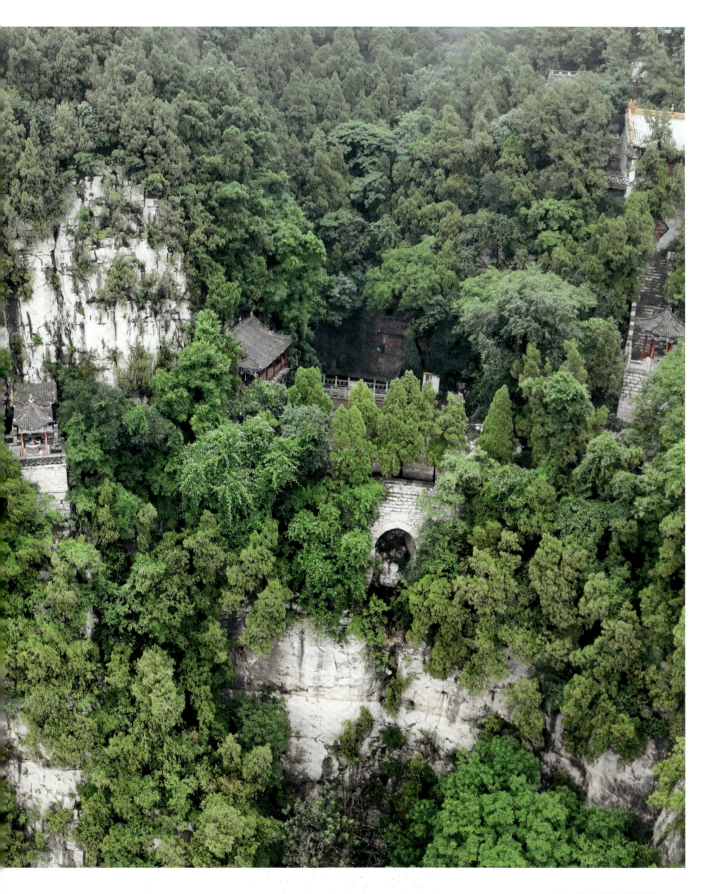

五阳山古柏群

WUYANGSHANGUBAIQUN

所在景区：五阳山景区
所在位置：位于五阳山
景源级别：二级景源
景源类型：自然景源—生景—古树名木
地理坐标：36°24'59"N, 117°55'16"E

  据考证，五阳山现存活时间最长属国宝级的 5 棵柏树，树龄都在 500 年以上，其中醉酒台上的一棵为唐朝贞观年间所植，树龄已达 1300 余年，树干胸围 3 米多，五杈分生，冠围达 50 余米。玉皇殿前的一株古柏名叫"凤凰柏"，因其长势奇特，状如凤凰展翅而得名，尤其东南一侧枝形如屈肘，状似凤头。五阳山的柏树不仅数目无计，风姿万千，而且生命力特强，尤其是生在绝壁悬崖峰巅陡峭之处的柏树，大旱三年它照样郁郁葱葱，青翠欲滴，更让人称奇的是生在绝壁上的柏树，有的植根石隙，有的仿佛是岩石里蹦出来的，看不到一点泥土，根系裸露，树干遒劲，可它照样绿油油金灿灿熬过千百个春秋。如劈似削的峭壁上，只要有茶杯口大的一个孔或数寸长的一条石缝，从里面就硬是钻出一棵枝繁叶茂的柏树，千奇百态，婀娜多姿，一棵不起眼的小柏树树龄也达数百年。

五阳山古建筑群

WUYANGSHANGUJIANZHUQUN

所在景区：五阳山景区
所在位置：位于五阳山
景源级别：二级景源
景源类型：人文景源—建筑—宗教建筑
地理坐标：36°24′59″N，117°55′9″E

　　五阳山古建筑庙群大小120余间，占地4000余平方米，其主要寺庙有：玉皇殿坐落在山腹上端，是五阳山庙群中位置最高的庙宇，创于明代，清雍正七年重修，乃石券建筑，面积32平方米，虽历经230余年的磨难至今仍挺立如初，其建筑结构少见，房顶无一寸木料，全用大块青石砌券而成。文昌阁（又名藏书亭）坐落在会仙桥西侧，砖石结构，上下两层，均为前出厦格式，上层前廊两端各配一角楼，翘角飞檐五脊六兽，木制花栏杆，丹柱彩绘，上复覆瓦，总建筑面积92平方米。吕祖阁与望月亭相邻，前出反格式，四梁八柱，砖石结构上覆黑瓦，清代式彩绘，建筑面积18平方米内塑吕洞宾彩像。志公殿坐落于玉皇殿右下方，据摩崖碑记载，明朝万历八年创建，以后数次重修，现在建筑是1987年按原貌重建。三官殿坐落在"入胜门"内，是五阳山庙群中最大的建筑物，面积80平方米，明初创建，1986年重修。内塑天官、地官、水官彩像，另有四位武神站班（温良、刘忠、辛环、马善）。三霄祠坐落在三宫殿东侧，建筑面积42平方米，祠内塑云霄、璧霄、琼霄三娘娘，另有瘢疹、眼光娘娘，每位娘娘两侧均有童子站班。佛阁（又名雷音阁）坐落仙境院东侧，依崖临谷修建，上下两层，下层是用青条石砌的洞券式过道，上层是砖石结构，总建筑面积80平方米，倚栏杆俯视，山谷幽深，云雾缭绕，如临半空，内塑释迦牟尼佛像，由淄博美术陶瓷厂高级工艺师朱一圭先生所塑。在仙境院内及杨家楼西侧绝壁上凿挖石窟2处，容积共达30立方米，这在淄博地区绝无仅有。

开元溶洞景区

KAIYUANRONGDONGJINGQU

概述

开元溶洞位于源泉镇,发育于下古生代奥陶纪白云质岩,形成于40万年前,是典型的岩常溶洞穴,洞体大而高,最高处达30余米,宽处20余米,长1280米,分八个大厅。洞内空间大,气势宏伟,洞内各种钟乳石姿态各异,或高大奇崛,或精怪玲珑,鬼斧神工,浑然天成,置身其中,如入仙境,是江北最大的溶洞。开元溶洞是因洞内有唐代开元年间的摩崖石刻而得名,洞内新石器时期、唐、宋等各时期的摩崖石刻更令人称绝。开元溶洞以其精妙绝伦的自然景观和内涵丰富的古老文化遗存被国家岩溶地质专家称为山东省罕见的洞穴资源,誉为"山东第一洞"。青龙山古建筑群依势构造,错落有致,布局精巧,景观和建筑是泉河附近群众集资修复的,基本保持了明清建筑的风格。景区有上龙湾泉群,现被疏浚整修成十几米见方的深水池,四周石柱回护,池深水绿,泉眼密布,喷玉吐珠,常年不竭,且水温常年保持在15℃左右,适宜养殖热带鱼类。

开元溶洞
KAIYUANRONGDONG

所在景区：开元溶洞景区
所在位置：位于东高村南侧山体
景源级别：一级景源
景源类型：自然景源—地景—洞府
地理坐标：36°24′33″N，118°2′5″E

  开元溶洞被誉为"山东第一洞"。位于源泉镇，发育于下古生代奥陶纪白云质岩，形成于 40 万年前，是典型的岩常溶洞穴，洞体大而高，最高处达 30 余米，宽处 20 余米，长 1280 米，分八个大厅。洞内空间大，气势宏伟，洞内各种钟乳石姿态各异，或高大奇崛，或精怪玲珑，鬼斧神工，浑然天成，置身其中，如入仙境，是江北最大的溶洞。

鲁山景区
LUSHANJINGQU

概述

　　风景秀丽的鲁山，雄峙于博山区东南部，为山东第四座高峰，是山东省森林最集中的区域之一，具有典型的"一山有四季，十里不同天"的高山气候。因该山地处齐鲁交境，位于当时鲁国之地，故名鲁山。在明朝，鲁山的牧台是青州衡王府的养马场，历经600余年。新中国成立后，辟建的第一批国营林场就有鲁山林场。生态环境得到了完整的保护。鲁山是淄河、弥河、汶河、沂河四条河流的发源地。

驼禅寺
TUOCHANSI

所在景区：鲁山景区
所在位置：位于鲁山主峰观云峰顶
景源级别：二级景源
景源类型：人文景源—建筑—宗教建筑
地理坐标：36°17'48"N，118°3'32"E

　　驼禅寺是鲁山现存的唯一人文景观，建于南北朝时期的梁武帝年间，距今1400余年，是在鲁山地区香火最旺的寺院。驼禅寺建于一条龙头突出、酷似巨龙的山脉上，西依观云峰，南向沂蒙大地，气势非凡。大雄宝殿东南隅有无梁石建筑志公宝塔和志公庙。大雄宝殿虽算不上宏阔高大，造型却也端庄凝重，它的独到之处是从上到下都是用巨石砌成，石壁、石门、石梁，连窗都是石头凿成的，唯独屋顶是琉璃大瓦。每年的农历三月十五日是鲁山庙会，香客达数万人之多。

观云峰
GUANYUNFENG

所在景区：鲁山景区
所在位置：位于鲁山峰顶
景源级别：二级景源
景源类型：自然景源—地景—山景
地理坐标：36°17′44″N，118°3′23″E

观云峰为鲁山主峰，海拔 1108.3 米，为鲁中最高峰，山东省第四高山。登峰极目四周林海茫茫，村落点点，河流蜿蜒，群山逶迤，令人心旷神怡，遐想万千。

卧龙山
WOLONGSHAN

所在景区：鲁山景区
所在位置：位于观云峰西北
景源级别：二级景源
景源类型：自然景源—地景—山景
地理坐标：36°17′52″N，118°3′8″E

群石堆积，天然形成的巨龙图，盘踞在绿树松涛之中。在那巨龙之形中，威风凛凛，意欲腾飞，犹如银龙戏海。

油松林 YOUSONGLIN

所在景区：鲁山景区
所在位置：位于鲁山山体
景源级别：二级景源
景源类型：自然景源—生景—森林
地理坐标：36°17′48″N，118°3′31″E

油松是中国特有的针叶树种，是山东省的代表性针叶林类型，是鲁中南山地700米以上习见森林类型。景区内油松多纯林，同时也有混交林，混交时，常有黑松、侧柏、刺槐、麻栎、栓皮栎、黄连木、朴树、白蜡、春榆和蔷薇科的一些种类等。景区内油松平均树龄40多年，最大树龄70多年。油松林下灌木层常见种类如胡枝子、绣线菊、黄栌、野蔷薇、连翘、小叶鼠李等。草本层种类也很丰富，以禾本科、莎草科、菊科、蔷薇科的常见属最为常见。常见的有黄背草、野古草、结缕草、大披针叶薹草、地榆以及早熟禾数种、蒿数种、桔梗等。

落叶松林

LUOYESONGLIN

所在景区：鲁山景区
所在位置：位于鲁山山体
景源级别：二级景源
景源类型：自然景源—生景—森林
地理坐标：36°17'49"N，118°3'28"E

有寒温性针叶林（如落叶松林等）、温性针叶林中的较耐寒类型（如华山松林）、落叶阔叶林中的耐寒类型椴树类林以及山顶灌丛和灌草丛（如绣线菊、连翘、湖北海棠灌丛）。

赤松林
CHISONGLIN

所在景区：鲁山景区
所在位置：位于鲁山山体
景源级别：二级景源
景源类型：自然景源—生景—森林
地理坐标：36°17'45"N，118°3'18"E

  赤松天然分布于朝鲜、日本和中国，在我国的天然分布从黑龙江东南部（宁安、东宁）、吉林东部（长白山）、辽东半岛经山东半岛（昆嵛山、崂山、沂山东部）到江苏东北部云台山区，是暖温带沿海地区温性针叶林的主要建群种之一。景区内赤松林多为人工纯林，平均胸径 16.9 厘米，平均林龄 50 多年。赤松林的结构一般分为 3 层，即乔木层、灌木层和草本层。乔木层多为单层，即赤松层；灌木层难以分出亚层，有时与草本植物统称灌草层。灌木及草本层植物的种类和多度，与气候和立地条件有直接关系。常见灌木有胡枝子、荆条、酸枣、花木蓝、锦鸡儿、三裂绣线菊、连翘、郁李等。草本植物有黄背草、大披针叶薹草、铃兰、野古草、地榆、委陵菜、苦荬菜、白羊草、结缕草、米口袋、瓦松等。

万石迷宫
WANSHIMIGONG

所在景区：鲁山景区
所在位置：位于卧龙山东南
景源级别：二级景源
景源类型：自然景源—地景—石林石景
地理坐标：36°17'50"N, 118°3'11"E

　　万石迷宫分为南宫、中宫和北宫，迷宫内路路相通，洞洞相连，扑朔迷离，幽深异常。迷宫是由无数巨大浑圆的"石蛋"堆积而成的一处天然支架洞，在地质学上叫"石蛋地貌"，像这样处于近千米高海拔位置且大面积聚集的石蛋地貌，在华北地区是非常罕见的。

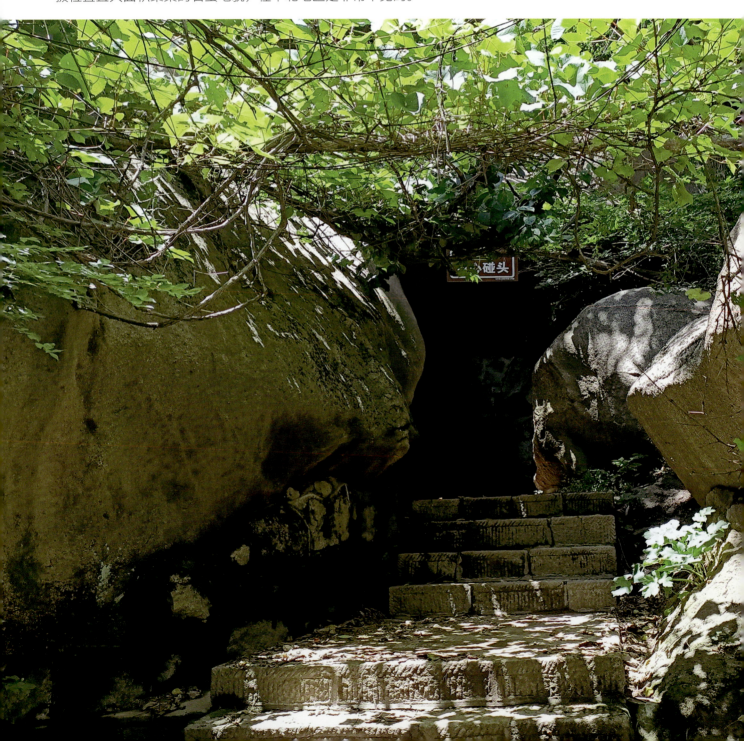

神龟探海

SHENGUITANHAI

所在景区：鲁山景区
所在位置：位于松云湖西侧山体
景源级别：二级景源
景源类型：自然景源—地景—石林石景
地理坐标：36°18'13"N，118°2'55"E

巨型"乌龟"从悬崖之中探出半身,窥视对岸高擎于船盘石上的"大樱桃",伸头出脑、欲啃不得之憨态,令人捧腹。

青州风景名胜区
QINGZHOUFENGJINGMINGSHENGQU

① ②

云驼片区

昭阳洞片区

青州风景名胜区

概述

青州风景名胜区位于青州市西南部，是 2002 年被国务院批准设立的第四批国家重点风景名胜区。风景名胜区总面积 82.22 平方千米，包括云驼和昭阳洞两个片区，其中，云驼片区包括云门山、驼山、玲珑山、劈山 4 个景区，昭阳洞片区包括仁河水库、昭阳洞、黄花溪 3 个景区。地理坐标为 36°29′21″～36°40′29″N，118°11′52″～118°28′33″E。

青州风景名胜区是以岩溶地貌景观为风景特征，佛教石窟造像及题刻等人文景观为内涵，具有重要保护价值，可供游赏观光、科学研究、文化体验的国家级风景名胜区。

风景特点

青州风景名胜区历史悠久，文化深厚，具有珍贵的历史文化价值、独特的风景审美价值和较高的科学研究价值，是不可多得的自然文化遗产，其风景特征主要为连绵的峰峦沟壑、悠久的石窟造像、珍贵的摩崖题刻、古朴的井塘古村。

风景名胜区内外群山环抱，峰峦层叠，沟谷纵横，构成了连绵起伏、雄秀迤逦的景色，形成了良好的自然景观骨架。驼山、云门山上有近千尊佛教石窟造像，为我国东部之最，其精美的雕工是其他同时代造像所不能比拟的，有极高的历史与科研价值。云门山历来是文人名士汇集之地，山上有大量的文人雅

士的题刻，尤其是云门山的巨大"寿"字以及玲珑山的著名北魏书法家郑道昭白驹谷题名的摩崖石刻最具代表性。井塘古村依山而建，依托衡王府院落，形成了具有明代建筑风格又有西部山区居住特色的古建筑群，是山东省内保存比较完好的一处古村落。

资源价值

在参评的景源中，一级景源计 7

个,占 6.31%;二级景源计 14 个,占 12.61%;三级景源计 53 个,占 47.75%;四级景源计 37 个,占 33.33%。

青州风景名胜区内自然景源为 56 个,自然景源主要以地景最为突出,共计 30 个,占景源总数的 26.3%。昭阳洞景区的下天桥,宽仅 1 米、长 7 米的天然石桥飞跨在 50 米深涧之上,成为自然奇观;云门山山顶的南北贯通的天然石穴——云门洞,洞高约 3 米,宽约 4 米,深 6 米余,远望如高悬于天空的明镜,拱壁镶嵌,每逢夏秋季节,云雾缭绕,穿洞而过,将山顶的亭台楼阁托于滚滚云海之上,犹如仙境一般。风景名胜区人文景源为 58 个,人文景源主要以建筑和胜迹最为突出,建筑共计 36 个,占景源总数的 31.6%,人文景源中胜迹的一级景源最多,为 4 个,其中开凿于北周至中唐的驼山、云门山石窟造像群,造像精美奇特,雕刻流畅细腻,技艺精湛,保存完好,是我国其他石窟所少有,对研究我国古代雕塑、绘画艺术和佛教发展史具有极高的价值;云门山"寿"字石刻堪称全国之最,仅其中"寸"字就高达 2.23 米,名副其实的"人无寸高",素有"南佛北寿"的美称。

云驼片区
YUNTUOPIANQU

概述

 云驼片区包括云门山、驼山、玲珑山、劈山4个景区。北至凤凰山西路,南至玲珑山南侧山脊线,西至五孙路与后黄马村交叉位置南侧,东至云门山南路。

 云门山景区以佛教石窟造像及题刻等人文景观和龟背石、干洞、溶盘群等自然景观为特色,以探访古迹、领略文化、宗教旅游和登高揽胜、山林游憩为主要游赏内容。驼山景区以"佛、道"教胜迹为景观特色,景区内有北周修凿的佛教石窟5座,造像638尊,以探访古迹、领略宗教文化、修学研讨和登高揽胜、山林游憩为主要游赏内容。玲珑山景区以岩洞、峭壁、古村落以及石刻胜迹为特色。玲珑山山顶多洞窟,岩石玲珑剔透,山谷内有价值很高的北魏郑道昭石刻,同时山脚下还有600余年历史的具有明代建筑风貌的井塘古村落;景区以探访古迹、领略文化和登高揽胜、山林游憩为主要游赏内容。劈山景区以塔林和山体巨佛为景观特色,塔林为明代建造,皆以圆形石柱和石板垒砌而成;景区以探访古迹、领略文化为主要游赏内容。

所在景区：云门山景区
所在位置：位于云门山山顶山阴位置
景源级别：一级景源
景源类型：人文景源—胜迹—摩崖题刻
地理坐标：36°38'27"N，118°27'14"E

436　山东省国家级风景名胜区重要风景资源

云门山景区

云门山摩崖题刻群

YUNMENSHANMOYATIKEQUN

云门山历来是文人名士汇集之地,山上历代名人题刻甚多,有唐北海郡太守赵居贞《投金龙环壁》诗;有宋富文忠公(弼)题名七人、欧阳文忠公(修)六人、赵清献公(抃)二人;有明钟羽正、王世贞;清施润章、安致远等题刻。明尚书、少保乔宇大篆"云门山"三字刻于山阳;雪蓑行书"神在"等镌于山阴。主峰北壁的摩崖"寿"字尤以硕大著称,为明衡王府内掌司周全书,高7.5米,宽3.7米,仅其"寸"字部分就高2.23米,故有"人无寸高"之说,为我国摩崖"寿"字之最。

云门山石窟造像群旧貌（梁思成摄于 1941 年）

所在景区：云门山景区
所在位置：位于云门山山顶山阳位置
景源级别：一级景源
景源类型：人文景源—胜迹—石窟
地理坐标：36°38'26"N，118°27'13"E

云门山石窟造像群

YUNMENSHANSHIKUZAOXIANGQUN

云门山石窟造像群开凿于北周至隋唐时期（557—907），自西向东共有 5 个石窟，造像 300 多尊，雕刻流畅、线条优美，被著名建筑教育家梁思成誉为"其雕工至为成熟，可称隋代最精作品"。第一窟为一佛二菩萨二力士型布置；第二窟为一佛二菩萨型布置；第三、四、五窟均为一佛、二菩萨、二天王或二力士型布置，造像风格又是惊人的相似。

云门拱璧
YUNMENGONGBI

所在景区: 云门山景区
所在位置: 位于云门山山巅
景源级别: 二级景源
景源类型: 自然景源—天景—云雾景观
地理坐标: 36°38′26″N, 118°27′15″E

云门山位于青州城南2.5千米处，海拔421米，主峰称为大云顶。云门山山势巍峨，陡崖峭立，漫山松柏，景观棋布，宛如一个巨大的盆景端放城南，以它美丽、俊俏的身姿和特殊的地理环境而独具风貌。山顶有一个南北贯通的天然石穴——云门洞，洞高约3米，宽约4米，深6余米。远望如高悬于天空的明镜，拱璧镶嵌。每逢夏秋季节，云雾缭绕，穿洞而过，将山顶的亭台楼阁托于滚滚云海之上，犹如仙境一般，故被称为云门仙境，又称云门拱璧，乃为青州胜景之一，云门山也因此而得名。

云门洞

YUNMENDONG

所在景区：云门山景区
所在位置：位于云门山山顶
景源级别：二级景源
景源类型：自然景源—地景—洞府
地理坐标：36°38′26″N，118°27′14″E

　　云门洞相传为秦始皇（公元前219）东巡时为压齐地王气开凿，东晋（410）郭大夫首筑东阳城时扩凿洞口以宣风气。据史料记载，北宋乾德六年（968）、天禧五年（1021）先后两次增扩。洞高4米，宽6米，深10余米。因时有云雾飘绕，穿洞而过，故名云门洞。

万春洞

WANCHUNDONG

所在景区：云门山景区
所在位置：位于云门山山顶附近的山洞
景源级别：二级景源
景源类型：自然景源—地景—洞府
地理坐标：36°38′27″N，118°27′17″E

万春洞又名希夷石室，俗称陈抟洞。明嘉靖年间青州衡王府在天然洞穴的基础上开凿，寓意万年长春，是彰显云门山寿文化的珍贵遗存。内有中国道教思想家、哲学家、内丹学家、太极文化传人、宋代理学先师陈抟侧卧睡姿雕像，以及石床、石泉等遗迹。洞壁有明代雪蓑道人、衡王府内掌司姜云谷等题刻。

天仙玉女祠
TIANXIANYUNÜCI

所在景区：云门山景区
所在位置：位于云门山山顶
景源级别：二级景源
景源类型：人文景源—建筑—宗教建筑
地理坐标：36°38′27″N，118°27′13″E

天仙玉女即碧霞元君，俗称泰山老母。该祠为无梁硬山式双拱建筑，始建年代无考，元代改建为道士帽式，明代衡王府重修。建筑样式独具特色，是民间求子、祈福的场所。

· 驼山景区 ·

驼山石窟造像群
TUOSHANSHIKUZAOXIANGQUN

名胜景区风景区

所在景区：驼山景区
所在位置：位于驼山山顶南面
景源级别：一级景源
景源类型：人文景源—胜迹—石窟
地理坐标：36°38′55″N，118°25′50″E

驼山石窟造像群是中国东部最大、保存最完整的石窟造像群，1988年被列为全国重点文物保护单位。石窟造像群有大小石窟5座，摩崖造像1处，共有造像638尊。这些造像造型精美准确，雕工线条流畅，大的高达7米，小的仅0.1米。造像分别开凿于北周至盛唐时期，该石窟造像是古代佛教造像艺术中的珍品，也是研究我国雕塑绘画艺术和佛教发展史珍贵的实物资料。摩崖造像群雕凿于隋唐时期（581—907）。造型题材多样，共有佛、菩萨等造像7组15尊。

驼山石窟一号窟

驼山石窟二号窟

驼山石窟三号窟

七宝阁
QIBAOGE

所在景区：驼山景区
所在位置：位于驼山山顶，昊天宫内
景源级别：一级景源
景源类型：人文景源—建筑—宗教建筑
地理坐标：36°38′59″N，118°25′50″E

　　七宝阁传为历代道家供奉"三清四御"之地。"三清"指道教神仙世界中地位最高的三清尊神，分别为玉清元始天尊、上清灵宝天尊、太清太上老君；四御指辅佐三清的天神，分别为中天紫微北极大帝、南方南极长生大帝、勾陈上宫天皇大帝、后士皇地祇。该建筑为石质无梁阁楼式元代（1271—1368）建筑，距今已有700余年历史，清顺治年间重修。其造型奇特，结构坚固，堪称珍品。

"驼山"题刻
TUOSHANTIKE

所在景区：驼山景区
所在位置：位于龙兴寺北，拜佛台西
景源级别：二级景源
景源类型：人文景源—胜迹—摩崖题刻
地理坐标：36°38′52″N，118°26′7″E

　　"驼山"楷体榜书，为明正德年间（1505—1521）乔宇所书。字体刚劲有力，虽历经沧桑，仍雄风依旧。乔宇，山西乐平人，官至兵部、礼部、吏部尚书，太子太保加少保。

驼山碑林
TUOSHANBEILIN

所在景区：驼山景区
所在位置：位于驼山山顶，昊天宫内外
景源级别：二级景源
景源类型：人文景源—胜迹—摩崖题刻
地理坐标：36°38′58″N，118°25′50″E

青州驼山碑林，位于驼山昊天宫内外，有碑刻130多块，多为重修碑记，最具价值的是明代户部尚书、礼部尚书和兵部尚书陈经撰文、杨应奎书丹、胡宗完所立的《重修昊天宫记》和元代的《大元降御香记》碑。另有两座碑亭，建于康熙年间，规模相同，均为全石结构。驼山碑林具有重要的历史资料价值，也是驼山重要的文化景观。

驼山古侧柏群

TUOSHANGUCEBAIQUN

所在景区：驼山景区
所在位置：位于驼山山顶
景源级别：二级景源
景源类型：自然景源—生景—古树名木
地理坐标：36°38′56″N，118°25′49″E

驼山古侧柏群为青州市域现存最大的古柏群，有古柏近百棵。古柏历经沧桑，树龄都在200年以上，弥足珍贵。

驼岭千寻
TUOLINGQIANXUN

所在景区：驼山景区
所在位置：位于驼山山顶
景源级别：二级景源
景源类型：自然景源—地景—山景
地理坐标：36°38'51"N，118°26'10"E

驼山山顶上双峰对峙,犹如一匹伏卧的骆驼,绵延数里,叠翠千寻,故称驼岭千寻。"寻"是一古代长度单位,一"寻"约等于现在的 25 米。

· 玲珑山景区 ·
玲珑山白驹谷题名
LINGLONGSHANBAIJUGUTIMING

所在景区：玲珑山景区
所在位置：位于玲珑山白驹谷西崖壁
景源级别：一级景源
景源类型：人文景源—胜迹—摩崖题刻
地理坐标：36°36′22″N，118°23′24″E

在玲珑山山阴有名为"白驹谷"的山谷，当地群众称作字谷，著名的白驹谷题名"中岳先生荥阳郑道昭游槃之山谷地，此白驹谷"即刻于西崖壁涧。距今已有1400余年历史，字迹清晰完好，实为不可多得的书法艺术瑰宝。

郑道昭（455—516），北魏诗人、书法家，字僖伯，自称"中岳先生"。任过青州刺史、平东将军。对书法艺术和文字研究有很高造诣，发展完善了"魏碑体"，是"魏碑体"的大成者之一。郑道昭的碑铭题刻现存40余种，以玲珑山题刻为冠。

玲珑山瑶池建筑群

LINGLONGSHANYAOCHIJIANZHUQUN

所在景区：玲珑山景区
所在位置：位于玲珑山山顶
景源级别：一级景源
景源类型：人文景源—建筑—宗教建筑
地理坐标：36°36'8"N，118°23'34"E

　　瑶池，位于玲珑山山顶，另名"王母行宫"，清初始建。占地面积约 300 平方米，坐北朝南，青石砌筑，东西面阔三间，进深一间，单檐硬山顶，瑶池旁有残碑 4 方。玲珑洞，洞口有一方康熙年间立《山门碑记》，另一方为乾隆年间立半截石碑，碑铭是"笔架修醮"。观音洞有内外两重门。外门"与天齐寿"的横批下，有工整的阳刻对联：涧潆相形古洞府，峰岭竦起独玲珑。内洞石刻"桃源古洞"。门联是"难必救慈悲君子，雨不雷忠厚圣人"，在观音洞口有残碑 1 方。另外，山顶上还存有山门，石砌而成，较为破败，在山门附近还存有残碑 2 方。

玲珑秀色
LINGLONGXIUSE

所在景区：玲珑山景区
所在位置：位于玲珑山山顶
景源级别：二级景源
景源类型：自然景源—地景—山景
地理坐标：36°36'9"N，118°23'35"E

玲珑山上嵯峨的石峰林凸起在浑圆的山顶上，远远望去，好像一座雄踞山巅的古代城堡。玲珑剔透的怪石、形态各异的洞穴遍布山林，像一块巨大的盆景石搁置在天地之间。玲珑秀色成为古青州的一大胜景。

井塘古村

JINGTANGGUCUN

所在景区：玲珑山景区
所在位置：位于青州市王府街道办事处玲珑山脚下
景源级别：二级景源
景源类型：人文景源—建筑—民居宗祠
地理坐标：36°36′56″N，118°23′42″E

  井塘古村位于青州市王府街道办事处玲珑山脚下，已经有 500 余年历史，古村依山而建，形成了具有明代建筑风格又有西部山区居住特色的古建筑群，是山东省内保存比较完好的一个古村落。整个村落被古城墙所包围，城墙用青石砌成，每隔 30 多米修建一处城堡（炮楼），向人们展示着明代古村自卫防御功能。该村以明朝第三代衡王康王朱载圭的女婿吴仪宾的七十二古屋为中心，形成了以张家大院、吴家大院、孙家大院为布点的独特古居风格建筑群，并有保留完好的古石桥、古井、古庙、古石台等。

昭阳洞片区
ZHAOYANGDONGPIANQU

概述

昭阳洞片区包括仁河水库、昭阳洞、黄花溪3个景区。北至南富旺村南,南至杨集村,西至青州市与淄博市淄川区行政边界,东至傲子顶。

仁河水库景区有仁河水库景源1处,为三级景源,是风景名胜区中最大的水面,

水库四周青山环抱，以青山秀水为特色，景区以游赏观光为主要游赏内容。黄花溪景区以"峡谷、峭壁、飞瀑、溪流"为主要景观特色，以探幽、生态体验为主要游赏内容。昭阳洞景区最大的特点是山势的陡峭与奇特，山峰直入云端，山谷深不可测，洞半壁而出，松探涧而横，山林茂密，山花烂漫；景区以开展登山探险活动为主要游赏内容。

· 黄花溪景区 ·
黄花溪
HUANGHUAXI

所在景区：黄花溪景区
所在位置：位于黄花溪景区内的溪流
景源级别：二级景源
景源类型：自然景源—水景—溪流
地理坐标：36°31'11"N，118°14'28"E

"黄花溪"寓意水、石、山、林等自然资源,地处唐庄西的山谷中,溪水清澈,宛若一个乡间的少女,静则流光盼顾,动则飞流湍急,闻者无不动容,让人流连忘返。沿途两面悬崖峭壁,怪石林立,崖壁之上,或如人面,或如牛首,千姿百态,惟妙惟肖。古松虬枝倒挂其间,黄绿交融,相映成趣,构成了一幅神奇的天然画卷,无不令人惊叹大自然的鬼斧神工。

丹崖谷

DANYAGU

所在景区：黄花溪景区
所在位置：位于黄花溪景区内山谷
景源级别：二级景源
景源类型：自然景源—地景—峡谷
地理坐标：36°31'2"N，118°14'20"E

此处山谷崖壁呈红色，如丹霞一般，与周边绿树相称，红翠对比，因名丹崖谷。

千佛山风景名胜区
QIANFOSHANFENGJINGMINGSHENGQU

① ②

千佛山景区

佛慧山景区

千佛山风景名胜区

QIANFOSHANFENGJINGMINGSHENGQU

概述

千佛山风景名胜区位于山东省济南市，包括千佛山景区、佛慧山景区、蚰蜒山景区和金鸡岭景区。总面积16.39平方千米，地理坐标36°36′～36°38′N，117°00′～117°03′E。

千佛山风景名胜区是1995年被列为省级风景名胜区，2017年被列为国家级风景名胜区，是以山岳和文化胜迹为核心资源，融虞舜文化、佛文化、民俗文化等多元历史文化与奇峰、怪石、洞穴、泉水、溪涧、古木等自然景观为一体，以历史文化探源、山体观光游览、城市康体休闲和生态、地质科研考察为主要功能的城市风景类国家级风景名胜区。

风景特点

千佛山风景名胜区拥有独具特色的地貌景观及植被景观，是济南重要的泉水补给区和涵养区，具有全国最具影响力的舜文化以及山东最早、最具艺术价值的摩崖造像群。同时，千佛山也是城市守护山，是见证城市变迁与保护古城历史格局的重要元素。

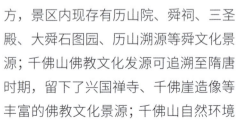

资源价值

千佛山历史文化悠久，以虞舜文化、佛教文化、自然生态为核心内容，是世界唯一的佛教文化与帝王文化双元共生的名山。千佛山是虞舜文化的发源地之一，舜曾躬耕于千佛山下，名传四方，景区内现存有历山院、舜祠、三圣殿、大舜石图园、历山溯源等舜文化景源；千佛山佛教文化发源可追溯至隋唐时期，留下了兴国禅寺、千佛崖造像等丰富的佛教文化景源；千佛山自然环境

优越，古树名木众多，有佛山赏菊、历山揽胜、唐槐怀古、南麓丹霞、慈云探幽等众多自然景源；千佛山传统民俗文化特色鲜明，有"三月三"民俗文化庙会、"九月九"重阳山会等非物质文化遗产。千佛山景区人文底蕴深厚、自然资源丰富、地域价值显著，是国内少有的位于城市中的自然山体景观，也是济南市民休闲、健身的绝佳胜地，被誉为济南市的"城市阳台""天然氧吧""生态乐园"。

千佛山景区
QIANFOSHANJINGQU

概述

千佛山位于济南市区南部，海拔285米，占地110余公顷，为济南三大名胜之兴国禅寺山门之一。古时称历山，相传远古时代的虞舜耕稼于此。不同的朝代，又有其他称谓：春秋称靡笄山，战国称靡山，南北朝称舜山、庙山、舜耕山，亦称迁祓山。隋开皇年间，依山势凿窟，雕佛像多尊，并建千佛寺，渐有"千佛山"之称。唐贞观年间，重新修葺，将千佛寺改为兴国禅寺。千佛山（历山）遂成为香火胜地。自元代始，每年农历三月三和九九重阳节举行庙会。新中国成立后，于1959年辟为公园。

历山院
LISHANYUAN

所属景区：千佛山景区
所在位置：兴国禅寺东
景源级别：一级景源
景源类型：人文景源 - 建筑 - 宗教建筑
地理坐标：36°38'15"N，117°1'51"E

  历山院在兴国禅寺东，是一座长方形的院落，占地面积 3000 平方米，与兴国禅寺相距仅 20 余米，相互对峙，具有同等的韵致，可谓珠联璧合。为纪念远古时代虞舜在历山之下开荒种田，颂扬古代明君，发扬大舜文化，故将这一院落命名为历山院。据史料记载，儒、道、佛三家曾先后涉足这里，而历山院也便成了儒教、道教、佛教合居的寺院。明成化四年（1468），济南德王府内官苏贤，欲成"善果"，捐资修建了三清殿和真武楼，祀元始天尊、武德天尊、太上老君和玉皇大帝、紫微大帝等道教信奉的祖师。

就连舜也被道教尊奉为天、地、水三神中的地神（天神为尧，水神为禹），立祠祀奠。清康熙年间，文人们又把儒家的创始者孔子供奉在文昌阁内，受各界文人雅士的叩拜。又有文献记载，该院内清代还曾建有观音堂，奉祀观音菩萨。儒、道、佛三家，同居一处。历山院南侧，由东向西，依次建有舜祠、鲁班祠、文昌阁等祠堂，北侧有远眺观景的一览亭。整个院落，殿宇错落、红墙青瓦，显得古色古香。院内，绿荫垂地、青藤摇曳，松柏褚润，银杏舒秀，刺槐挺拔茁壮，花朵穗穗如珍珠，溢出的清香沁人心脾。

舜祠

SHUNCI

所属景区：千佛山景区
所在位置：历山院东南隅
景源级别：一级景源
景源类型：人文景源 - 建筑 - 宗教建筑
地理坐标：36°38′14″N，117°1′49″E

　　千佛山上现有舜祠，历史悠久，据史书记载，周朝时即已存在，距今 2400 余年。祠堂神龛内供奉有我国上古时期的帝王——舜以及两位妻子——娥皇和女英。

　　千佛山舜祠是千佛山上最高的一座庙宇，又叫重华殿、重华协帝殿，位于济南城南千佛山历山院的东南隅，历史悠久。北魏郦道元《水经注》记载："城南对山，山上有舜祠……舜耕历山也云在此。"祠内塑像，衮冕执圭，双目瞑闭，须髯垂胸，左右配享娥皇、女英二妃，珠冠蟒服。传说舜的眼睛有两个瞳子，

名字叫重华。虞舜德高望重，才华超群，尧推举做事，后继尧位治理天下，繁荣昌盛，所以，后人立祠祀奠。原祠堂于 2001 年改建，白墙绿瓦，庑殿顶。另建三圣殿、三圣裔祠，内祀尧、舜、禹及舜的后裔。历代名人欧阳修、曾巩、苏辙、元好问等多有诗文题留。

  站在千佛山四望，其南是舜所祭祀的岱宗，其北就是趵突泉边的娥皇、女英祠（约创建于 2000 年前），又有祀尧、舜、禹的三圣殿。泉水流经的护城河，即是北魏时期的娥英河，河水东流，经过舜井街的南端，北为舜井。再越过趵突泉可望到大明湖，大明湖北有曾巩建筑的北渚亭，令我们联想起《楚辞·九歌》咏娥皇、女英的诗句"帝子降兮北渚"的名句。如果再往东北远眺，便可以指向城子崖—龙山文化遗址，令人想起制陶能手大舜。济南的名胜古迹都是环绕在舜文化之中的。

兴国禅寺
XINGGUOCHANSI

所属景区：千佛山景区
所在位置：千佛山山腰
景源级别：一级景源
景源类型：人文景源 - 建筑 - 宗教建筑
地理坐标：36°38'15"N，117°1'46"E

名胜·风景区

位于千佛山山腰，创建于隋开皇年间，寺内摩崖造像，为市级文物保护单位。隋开皇年间，山东佛教盛行，于千佛山北坡随山势凿窟，携佛像多尊，并修建千佛寺。因寺院南侧山崖上，有许多隋朝时期遗留下来的佛像，最早称"千佛寺"。唐贞观年间，千佛寺经扩建，改称兴国禅寺，这个名称一直延续至今。宋代时，兴国禅寺又加扩建。宋末明初，因连年战乱，寺院"殿堂蓁芜，无存一砖一瓦"。明成化四年（1468），济南德王府的内官苏贤捐资重建，大雄宝殿、天王殿及僧寮、库房等全部予以重修，殿内塑释迦牟尼、地藏王菩萨、十八罗汉、四大天王等像。清朝嘉庆至咸丰年间（1796—1860）又加以修葺，并增建观音殿等建筑寺内佛像雕塑十分精美，达到历史顶峰，十年动乱中，殿内塑像几乎全部被毁。1979年以来才逐步修复。1984年落实党的宗教政策，对寺庙又进行了大规模的修缮。兴国禅寺寺门两侧的石刻楹联："暮鼓晨钟，惊醒世间名利客；经声佛号，唤回苦海梦迷人"。

千佛山摩崖造像

QIANFOSHANMOYAZAOXIANG

所属景区：	千佛山景区
所在位置：	兴国禅寺院内南侧
景源级别：	一级景源
景源类型：	人文景源 - 胜迹 - 摩崖题刻
地理坐标：	36°38'15"N，117°1'44"E

  济南市省级文物保护单位。在兴国禅寺院内南侧，整个南部山崖就是千佛山摩崖造像群。崖上有隋开皇七年至开皇十五年（587—595）所镌刻的佛像，共有佛像9窟130余尊，距今有1400多年的历史，是山东地区最早的摩崖石刻。造像有的高居壁顶，有的举手可及，有的一二尊成窟，有的三五尊成区，参差错落。这些佛像，雕刻精致，刀法纯熟，线条流畅，体态丰腴，栩栩如生，神态各异，惟妙惟肖。当年乾隆皇帝看到这些精美的石佛，在《千佛山极目有作诗》中赞叹："初无五丁斧，石佛谁所镂。拈花或龈笑，悲物或眉皱……"

  "文化大革命"时期，佛像遭到人为破坏，现仅存9窟130余尊造像。1979年3月，市政府拨专款，按照"修旧如旧"的原则，组织专业人员按原貌进行修复。

唐槐
TANGHUAI

所属景区：千佛山景区
所在位置：千佛山主登山路
景源级别：一级景源
景源类型：自然景源 - 生景 - 古树名木
地理坐标：36°38'20"N，117°1'43"E

在千佛山公园主登山路约 200 米处右侧，有一株已有 1300 多年树龄的唐槐（又名秦琼拴马槐），传说唐朝名将秦琼曾在此拴过马。现树干枯残，一株干径 25 厘米的幼树，从古树窟中穿身而生。老干新株，犹如慈母怀抱婴儿，故又称母抱子槐。

鲁班祠
LUBANCI

所属景区：千佛山景区
所在位置：历山院中
景源级别：二级景源
景源类型：人文景源-建筑-宗教建筑
地理坐标：36°38′15″N，117°1′51″E

　　于历山院中，相传建于宋元，清咸丰年间又重新维修。2000年时又进行了改造。祠中供奉的就是木瓦工匠的祖师——鲁班。坐像两侧侍立着两个童子，一个手持墨斗，一个手持书卷。墙上绘有有关鲁班民间传说的壁画。鲁班的神像前供有一块红色牌位，上面写有"荷叶仙师之神位"。

　　鲁班，姓公输，名般，大约生于周敬王十三年（公元前507），卒于周贞定王二十五年（公元前444）以后，是春秋时期鲁国著名工匠，历代木瓦工者尊称他为祖师。鲁班多才多艺，曾创造攻城的云梯，磨粉的硪，并发明木作工具锯、斧、铲、锯、刨、钻、墨斗、规、矩等。据传，他制作的木马、木驴可以活跃飞动，能替人做工，木鸢、木人能在空中飞翔。他一生建造了许多高大宏伟的寺院、殿堂、亭阁、桥梁等，所以被后代附会为神似的人物。

丁宝桢碑
DINGBAOZHENBEI

所属景区：千佛山景区
所在位置：兴国禅寺东门外
景源级别：二级景源
景源类型：人文景源 - 胜迹 - 摩崖题刻
地理坐标：36°38'14"N，117°1'47"E

  在千佛山兴国禅寺东门外的南侧石壁上，原有十二块碑刻。碑刻立于清朝的光绪元年，碑文是由济南太守石小南所作的一部感慨人生的作品，而字则是由山东巡抚丁宝桢颜体正楷所书写。石碑在"文化大革命"时期被砸碎，后来拾残片修复，镶嵌成一壁，高1.3米，长7.2米。字约3厘米见方，120行500余字。手迹颜体正楷、端庄大方、雄浑遒劲，尽显丁宝桢书法功力。

黔娄洞
QIANLOUDONG

所属景区：千佛山景区
所在位置：极乐洞东侧岩壁上
景源级别：二级景源
景源类型：自然景源·地景·洞府
地理坐标：36°38′14″N，117°1′45″E

黔娄洞位于济南千佛山兴国禅寺极乐洞的东侧岩壁上。相传周代黔娄子曾居住于此，故名。岩壁上端，松柏垂荫，山花吐艳。雨后，洞周壁上，苔衣墨绿，蜗牛布阵，蝉蜕点点，犹如一幅淡雅的水墨画。

洞深10余米，三折之后呈长方形，为人工开凿，类似居室，面积20余平方米，高2米余。洞内温湿，水珠下滴，击石有声，使洞穴越发显得清幽。清嘉庆年间，洞内尚有黔娄子的塑像，白须方巾，文士打扮，端坐于无佛龛的石座上。洞口上端，有石刻一方，大字为"黔娄洞"，小字记载了黔娄子的身世。由于年代久远，字迹已不太清晰。

乾隆御碑
QIANLONGYUBEI

所属景区：千佛山景区
所在位置：兴国禅寺旁
景源级别：二级景源
景源类型：人文景源 - 胜迹 - 摩崖题刻
地理坐标：36°38′15″N, 117°1′43″E

坐落于兴国禅寺旁，清乾隆十三年（戊辰年，1748）乾隆皇帝爱新觉罗弘历，来济南游玩，登上历山，留下这首《千佛山极目有作》：

> 分干自岱宗，冈峦雄且秀。
> 历城作南屏，洪荒判早就。
> 偶来恣览结，望远欣所遘。
> 驻辇傍云关，步屧跻萝岫。
> 初无五丁斧，石佛谁所镂。
> 拈花或龈笑，悲物或眉皱。
> 其下有空洞，淙淙出乳窦。
> 精室筑左侧，琴书芳润漱。
> 两树丁香花，芳菲绿荫茂。
> 开窗纳烟霞，俯槛睇锦绣。
> 泰麓巢云处，延赏既已富。
> 探奇复得此，坐久消清昼。
> 因悟境无穷，骋怀难尽副。

诗文大意：千佛山是泰山的余脉，山势雄伟秀丽。作为济南南部的天然屏障，开天辟地以来就已经存在。偶然的机会来到这里，恣意停留，所看到的景物都使我高兴。停车依傍云径禅关，步行在长满草木的山峦，我不禁感到疑惑，当初没有传说中的五个力士的神斧，是谁雕刻了这些石佛，有的拈花露齿而笑，有的悲天怜悯皱着眉头。佛像下面有一空洞，洞内淙淙泉水如乳溢流。寺舍建在洞之左侧，琴声悠扬回荡在山谷之中。两束丁香开得正盛，香气浓郁，枝繁叶茂。打开窗子让霞光照进屋子，倚着栏杆俯视风光锦绣。远眺泰山北麓的山峦深处，那景色更加丰富多彩。寻求奇景来到了这里，不觉消磨了冷清的白昼。恍然顿悟要想观尽天下美景，那是难以做到的。

齐烟九点坊

QIYANJIUDIANFANG

所属景区：千佛山景区
所在位置：千佛山半山腰
景源级别：二级景源
景源类型：人文景源 - 建筑 - 其他建筑
地理坐标：36°38′16″N，117°1′42″E

  名出唐代诗人李贺《梦天》诗中"遥望齐州九点烟，一泓海水杯中泻"之佳句。原诗中的"齐"，通"脐"，即中的意思。诗中齐州即中州，犹言中国。原诗句的含义是说从天上远远看去，中国辽阔的九州小得像九点烟尘，汪洋大海也不过是杯中之水（古代中国划分为九州，冀、兖、青、徐、扬、荆、豫、梁、雍）。清代人因济南古称齐州，便借用该诗句描绘济南的山景。"九点"所指，古今不同。今一般是指自千佛山"齐烟九点"坊处北望所见到的卧牛山、华山、鹊山、标山、凤凰山、北马鞍山、粟山、匡山、药山九座山体。九山山势各异：或如清水芙蓉、或如鸟雀飞翔、或如凤凰展翅、或如双标对立、或如青牛伏卧、或如骏马鞍鞯……其山云雾润蒸，岚烟缭绕，形成烟景，故称"齐烟九点"。清道光二十五年（1845），历城县令叶圭书在千佛山半山腰建牌坊，形为二柱一楼式。坊前匾额，刻有"齐烟九点"四字。坊后匾额：仰观俯察，取自晋代大书法家王羲之的《兰亭序》："仰观宇宙之大，俯察品类之盛"。其字是从王羲之《兰亭序》书帖中勾勒出来，放大后刻在匾上的。因此处位于半山腰，故仰可观山峦之雄伟，俯可察泉城之美景。由于现在的建筑物较多，这种景观已经很难再现。

文昌阁

WENCHANGGE

文昌阁原位于鲁班祠西南侧,阁置于高台之上,清康熙三十三年(1694)建造。咸丰三年(1853)、光绪七年(1881)、光绪十六年(1890)先后修葺。现文昌阁占地20余亩,建筑面积4000余平方米。东西配殿分别供奉寿星和福星。东西展厅分塑自唐至清山东历史上著名状元和文化名人像,其墙壁绘制"五魁苑"壁画;东西文化长廊绘制"朝元图"和"状元卷"壁画。福星、运星、寿星,三星同位;钟楼、鼓楼,钟鼓齐鸣;殿、廊、厅、坊,气势恢宏,文气十足。阁前平台有官带城墙护绕,台阶两侧扶手为两条雕刻巨大石龙,龙首均高昂东面,寓紫气东来之意。

文昌又名梓潼帝君,相传姓张,名亚子,居蜀七山,仕于晋,后来战死,唐宋时封为英王,元仁宗延祐三年(1316)又封为"辅文开化文昌府司禄宏仁帝君"。道家称玉皇大帝命其掌管文昌府及人间功名利禄。朱衣,据载,宋朝欧阳修主持贡院举试,每阅试卷,常觉座后有穿红衣者时复点头,凡点头者皆为合格文章,因有"唯愿朱衣一点头"的诗句。魁星,是中国天文学中二十八星宿之一,道教信徒尊其为主宰文章兴衰的神,故有魁星朱笔点状元的传说。文昌、朱衣、魁星,都是中国神话中主持文运的神灵,所以,旧时多为读书人立庙祭奠。昔日,每逢仲春、重阳多有文士来祭,赏景吟诗,别具风骚。据史志记载:自建阁以来,文风蒸蒸日上,科名大振,人才辈出。

名胜景区·风景区

所属景区:千佛山景区
所在位置:弥勒胜苑以西
景源级别:二级景源
景源类型:人文景源·建筑·宗教建筑
地理坐标:36°38′23″N,117°1′59″E

齐鲁碑刻文化苑

QILUBEIKEWENHUAYUAN

所属景区：千佛山景区
所在位置：千佛山南大门西侧
景源级别：二级景源
景源类型：人文景源 - 园景 - 专类游园
地理坐标：36°38'3"N，117°1'59"E

  该苑位于千佛山南大门西侧，是济南市 2012 年加快千佛山风景区保护开发的重点工程。园区总占地面积约 57500 平方米，是济南市首家碑刻文化主题公园。园区充分运用中国传统造园艺术手法，将山东历史上著名的 132 通石碑予以复制，自秦至清，以时代为序进行安放。有年代最早的秦刻石、体量最大的《宣和碑》、造型最别致的《双束碑》，还有号称"汉碑之祖"的《麃孝禹碑》，篆、隶、楷、行四体都有，且有简化字、通假字的呈露，可见我国汉字发展演变的轨迹。

弥勒胜苑

MILESHENGYUAN

所属景区：千佛山景区
所在位置：千佛山山腰
景源级别：二级景源
景源类型：人文景源 - 园景 - 专类游园
地理坐标：36°38′24″N，117°2′11″E

　　弥勒胜苑位于千佛山山腰，占地 3 万平方米，建筑面积 846 平方米。以镀金弥勒佛像为主要景点，由佛像、石壁浮雕、樱花园和附属建筑组成。又称为中日友好弥勒园，是千佛山景区与日本株式会社妙香园共同建造的，1999 年 6 月动工，2000 年 9 月竣工，整个广场融合了中日园林建筑的精华。主体造像弥勒大佛，通高 30 米，其中佛高 21 米、基座 9 米，用 110 吨铜板焊接而成。弥勒胜苑建成后，环境自然优美，空气清新舒爽，吸引了大量市民驻足游玩，成为人们假日休闲娱乐的绝佳场所。

在弥勒佛像身后的环形山崖上，是一组有关弥勒佛生平事迹的介绍的浮雕。浮雕长 36 米，高 3.5 米，面积 126 平方米。浮雕内容从弥勒佛的传说、生平业绩考虑，以印度佛教与中国佛教艺术相结合，正统佛传故事与中国民间传说结合而设计。浮雕一共分为三部分：中心部分、东方部分和西方部分。弥勒形貌通常可以分为三种：菩萨装、如来装及和尚装。浮雕的东面部分，雕刻的就是中国民间产生的和尚装弥勒佛，即大肚弥勒，造型源于杭州灵隐寺飞来峰中刻于宋代的弥勒造像。这尊弥勒像的周围还依就高低不同的岩壁雕刻了神情姿态各不相同的十八罗汉像作陪衬。另外，此部分浮雕运用浅浮雕的手法，刻制帝王礼佛图、皇后礼佛图、升天图等内容。

辛亥革命烈士陵园
XINHAIGEMINGLIESHILINGYUAN

所属景区：千佛山景区
所在位置：千佛山东北麓
景源级别：二级景源
景源类型：人文景源 - 园景 - 陵坛墓园
地理坐标：36°38'25"N, 117°2'17"E

陵园位于千佛山东北麓，建于 1934 年。抗日战争前夕，陵墓建设中断。1982 年复建，至 1983 年 9 月竣工。1998 年被列为省级重点文物保护单位。园内葬有在辛亥革命中为推翻清王朝及反对袁世凯复辟而牺牲的 23 位烈士，是千佛山风景名胜区内重要的旅游景点和"济南市爱国主义教育基地"

之一。北端黑色花岗石影壁上,刻有"辛亥革命山东烈士墓"九个大字,背面镌《辛亥革命烈士山东墓重修记略》。最南端是陵园主体建筑纪念塔,于1934年10月落成,北面刻"山东革命先烈公葬纪念塔"字样,是山东国民党元老滕县陈名豫的书丹。塔北墓区,主墓是同盟会山东分会主盟人、山东辛亥革命领袖徐镜心的墓室。东西两侧,分布着老同盟会会员薄子明、刘溥林、王永福、张同普、赵金漳和共产党员朱锡庚、史得金等人的墓室。

辛亥革命烈士陵园,不仅是英烈安息的地方,而且还是著名的风景游览胜地。这里松柏葱郁,间有黄栌、红杏、二月蓝、九月菊等,终年景观秀美。站在纪念塔旁,向北俯瞰泉城繁荣盛茂,向西可仰观历山秀姿。东南可去佛慧山开元寺遗址,西南可通北魏摩崖造像黄石崖。由于风景幽清壮丽,又因是济南市十大革命教育基地之一,所以每日来陵园凭吊英灵的人们络绎不绝,尤其春日清明时节更甚。

第一弥化
DIYIMIHUA

所属景区：千佛山景区
所在位置：乐云亭向西的陡壁上
景源级别：二级景源
景源类型：人文景源 - 胜迹 - 摩崖题刻
地理坐标：36°38'13"N, 117°1'43"E

在乐云亭向西不远的深林陡壁上，刻有"第一弼化"四个阴文篆书，字高2.6米，深及20厘米，气势雄伟，蔚为壮观，是济南最大的石刻。此字是1924年济南道院"统院掌籍"弟子何素璞住持，用一年多的时间镌刻成的。"第一弼化"四个字是济南道院利用乩机这种迷信方式，假借吕祖显圣的名义写的，也就是所谓的吕祖乩书。其含义是借千佛山的神佛来教化人们，以平息国内战争，确保济南人民的平安。因为当时军阀混战，硝烟四起，道院试图用宗教迷信达到天下太平，所以在高山之巅，刻成四字。它是济南最大的摩崖石刻（从山下便可望见），也是20世纪20年代社会生活的记录。

柏岩竞秀

BAIYANJINGXIU

所属景区：千佛山景区
所在位置：乐云亭向西的徒壁上
景源级别：二级景源
景源类型：自然景源 - 地景 - 石林石景
地理坐标：36°38'11"N-117°1'46"E

　　风景区内遍布侧柏林，原生树种镶嵌于峭壁上，树姿苍劲。侧柏林下植物种类丰富，生态性良好。共有67种种子植物，隶属25科48属。柏树与白色的山体交相辉映，形成独具特色的"翠柏伴苍崖"景观。块状的石灰岩山体在风化作用影响下，形成形态各异的景观，神似"寿星送桃""义净求法"。

佛慧山景区
FOHUISHANJINGQU

概述

佛慧山位于山东省济南市历下区，在千佛山东南，又名大佛头山，海拔460米。山势峭拔，为市区制高点，登临山顶可俯瞰泉城。山阴绝壁上有摩崖巨佛头像，高7.8米，宽4米，开凿于北宋景祐二年，鬼斧神工雄伟壮观。佛慧山下原有古刹佛慧寺，明初开为开元寺，现已湮灭，仅存遗址。遗址处岩壁上，有唐代造像多尊，"文化大革命"时期遭破坏。石壁上存有"山高水长""逍遥游"等雄浑遒劲的历代题刻。佛慧山顶原有文笔塔，为明济南知府平康裕所建，今已不存。悬崖下山泉滴漏。形成有"秋棠""甘露"二泉，夏日，这里绿荫覆盖，气候清凉，历代游客多来此消暑，试茶品茗。

甘露泉
GANLUQUAN

所属景区：佛慧山景区
所在位置：开元寺遗址南侧悬崖下
景源级别：一级景源
景源类型：自然景源 - 水景 - 泉井
地理坐标：36°37′44″N，117°2′55″E

甘露泉为济南七十二名泉之一。开元寺遗址南侧悬崖下，有一处名泉甘露泉，为悬崖下一半隐形山洞，泉水从岩壁流下，如露珠滑滚，落入凹进岩壁的长、宽、深各2米的方池中，方池为天然与人工砌垒结合，古朴自然，水清见底，池水长年不涸。据《历乘》记载："大佛山寺中有一洞，其水涓涓而下汇为一池，味甘甚冽，经岁不竭，有'天生自来泉'五字刻石上。"此处泉水清凉甘美，有"味甘却似饮天浆"的盛誉，最宜泡茶，昔日儒生多于此读书品茗，泉壁上曾刻有"政各五年七月，季德修五人，就甘露泉试北苑茶"字迹，故此泉又名"试茶泉"。清代诗人董芸有诗云："文壁峰高鸟道悬，开元古寺夕阳边。何时自扫风林叶，一试山中甘露泉。"

开元寺遗址

KAIYUANSIYIZHI

所属景区：佛慧山景区
所在位置：佛慧山深涧内
景源级别：一级景源
景源类型：人文景源 - 胜迹 - 遗址遗迹
地理坐标：36°37'45"N，117°2'55"E

  市级文物保护单位。位于佛慧山深涧内，原名佛慧寺，明初改称开元寺。历史上原地面建筑已毁，目前仅保存建筑基址、石窟造像以及隋、唐、宋、元、明、清各代名人题记，据《续修历城县志·金石三》载，寺址石壁上遗有"大隋皇帝"字样的残字，由此可知，隋朝时期佛家便涉足于此。唐代开元年间（713—741），建佛慧寺。北宋景祐年间重修。明初，济南城内开元寺被官府占用，僧众徙居于此，遂改称"开元寺"，是重要的佛教文化遗迹。开元寺三面环山，松柏笼罩，藤萝垂蔓，异常清幽。原有正殿5间，东西配殿各3间，宋代丁香数株。殿后北壁上，凿有上下石室多间。昔日儒生多于此读书。石壁西首有镇武洞，凿于清乾隆五十八年（1793），邻洞下方依山雕龟像，蛇绕其颈，设计奇特，造型古朴。开元寺以其悠久的历史文化和优美的风景吸引着大量的游客。四周绿树成荫，万木葱茏，环境清幽，适宜游人在此消暑度夏，并具有一定的历史文化游赏价值。

黄石崖造像
HUANGSHIYAZAOXIANG

所属景区：佛慧山景区
所在位置：罗袁寺顶北侧山峰下
景源级别：一级景源
景源类型：人文景源 - 胜迹 - 摩崖题刻
地理坐标：36°37′49″N-117°2′9″E

　　黄石崖位于千佛山东南，罗袁寺顶北侧山峰下，海拔 350 米，因山岩呈黄色，而得名。造像范围长 40 米，呈"一字"形排列，造像区域最高高度 5 米，最低高度 70 厘米。开凿于北魏正光四年（523）至东魏兴和二年（540），距今近 1500 年，其形式以北魏风格为特色，迥异于我国三大石窟的佛教造像，是佛教汉化初期的重要表现与产物。造像类型包括飞天、菩萨、佛陀等，其中以飞天石刻的价值尤为突出，是北魏时期飞天造像的典型代表，其飞天艺术承前启后，在中国佛教石窟发展史上具有重要的影响。全部造像集中在天然石窟及左、右崖壁上。洞窟内造像 32 尊，立式 8 尊，坐式 17 尊，飞天 7 尊。最高者 156 厘米，最矮者 11 厘米。洞外造像 68 尊，其中飞天 9 尊。最高者 78 厘米，最矮者 7 厘米。造像服饰着敷搭双肩袈裟外衣，跣足。

　　衣纹多用直平阶梯式刻法，刀法纯熟洗练，均为高浮雕。此处尚有北魏至明代题记 8 则，造像题记 6 则，北宋宣和三年（1121）及明天启元年（1621）2 则。黄石崖北魏造像，是山东重要的佛教史迹，也是济南最早的摩崖石刻造像，享有"齐鲁摩崖第一刻"之称，具有较高的考古价值和艺术价值，是研究山东佛教的重要史料。

开元寺摩崖造像

KAIYUANSIMOYAZAOXIANG

所在景区：佛慧山景区
所在位置：佛慧山北部山腰
景源级别：二级景源
景源类型：人文景源·胜迹·摩崖题刻
地理坐标：36°37′45″N，117°2′55″E

　　开元寺摩崖造像位于济南市郊区姚家镇佛慧山北部山腰。1995年被公布为市级重点文物保护单位。据清道光版《济南府志》及乾隆版《历城县志》载：开元寺始建于唐，北宋景及南宋建炎年间，曾重修。以后历代均有修葺，现已圮废。在寺庙遗址所处的东、南、北三面长50余米、高6米的峭壁上，刻有佛造像75个，有的地段分2～3层乃至数层造像，有的一龛一躯。大多数为结跏趺坐，作禅定像，少数为站姿。其中南壁佛龛一无首造像通高3米余，其他身高为50～60厘米。从雕刻技法看，人物比例适中，刀法娴熟洗练，多为唐代作品。另外，尚存有玄武碑跌一尊。寺内崖壁上现存宋、明、清、民国题记13方，文字大部清晰可辨。由于年久风雨摧蚀，再加上破坏，全部造像都有残损。

长生泉

CHANGSHENGQUAN

所在景区：佛慧山景区
所在位置：开元寺遗址东侧石壁下
景源级别：二级景源
景源类型：自然景源 - 水景 - 泉井
地理坐标：36°37′44″N，117°2′56″E

长生泉位于千佛山风景名胜区佛慧山开元寺遗址东侧石壁下。清道光《济南府志》载："长生泉，在开元寺前。"泉名刻于石壁上，由元朝山东肃政廉访使察罕菩华题书。石刻上方有唐贞观年间镌刻的佛像一尊。泉水出露形态为渗流，积水成池，经年不涸。水质甘美，旧时供僧众饮用。

罗袁圣髻
LUOYUANSHENGJI

所属景区：佛慧山景区
所在位置：罗袁寺顶北坡偏东
景源级别：二级景源
景源类型：自然景源 - 地景 - 石林石景
地理坐标：36°37'48"N，117°2'26"E

  罗袁寺顶北坡偏东位置，厚层石灰岩与薄层泥质灰岩风化层依山势形成层层崖壁，恰似菩萨头顶的发髻，故名罗袁圣髻。共有4层，长800～1200米，高15～20米，是北方喀斯特地貌的典型代表。

附录

山东省国家级风景名胜区重要景源一览表

序号	风景区名称	所属景区	景源名称	景源类别	级别	景源简介
1	泰山风景名胜区	南天门景区	南天门	人文景源	特级	泰山南天门又名三天门。南天门位于十八盘尽头，是登山盘道顶端，坐落在飞龙岩和翔凤岭之间的山口上。由下仰视，犹如天上宫阙，是登泰山顶的门户
2	泰山风景名胜区	南天门景区	碧霞祠	人文景源	特级	碧霞祠位于泰山极顶之南，天街东首，北依大观峰（即唐摩崖），西连振衣冈，南临宝藏岭。初建于宋未年间。碧霞祠是道教著名女神碧霞元君的祖庭，为泰山最大的高山古建筑群
3	泰山风景名胜区	南天门景区	唐摩崖	人文景源	特级	泰山摩崖石刻位于山东省泰安市，共有1000余处，其中最著名的《纪泰山铭》刻石，又称唐摩崖，刻于唐开元十四年（726），在岱顶大观崖壁上
4	泰山风景名胜区	南天门景区	青帝宫	人文景源	特级	青帝宫位于泰山玉皇顶西南，西靠神憩宫，东接上玉皇顶的盘道，是青帝广生帝君的上庙。创建无考，明清重修，新中国成立前窃。青帝即太昊伏羲，古代神话人物之一，道教教奉青帝为神。传说青帝主万物化生，位属东方，故祀于泰山
5	泰山风景名胜区	南天门景区	旭日东升	自然景源	特级	泰山日出是壮观而动人心弦的，也是泰山顶奇观之一，是登顶的重要标志，随着旭日发出的第一缕曙光撕破黎明前的黑暗，从而使东方天幕由漆黑逐渐转为鱼肚白、红色、直至耀眼的金黄，喷射出万道霞光
6	泰山风景名胜区	南天门景区	五岳独尊	人文景源	特级	五岳独尊景观石群位于泰山极顶（玉皇庙东南）去往玉皇顶的必经之路上，海拔1545米。摩崖高210厘米，宽65厘米，大字径55厘米×42厘米。任其右侧有楷书"昂头天外"题刻
7	泰山风景名胜区	竹林寺景区	普照寺	人文景源	特级	普照寺，位于泰山南麓的凌汉峰下，传为六朝古刹，又据清聂剑光《泰山道里记》载，金大定五年（1165）奉敕重修，题为"普照禅林"，有救谍石刻勒殿壁
8	泰山风景名胜区	红门景区	关帝庙	人文景源	特级	又称关帝祠，山西会馆，位于泰山岱宗坊北，明清年代不考，创建年代不详，明清曾多次饮整修。庙依山层层叠起，红墙有致，错落青瓦，掩映在绿林丛中。主要建筑有山门、戏台、拜棚、正殿、过厅、东西厢房等。正殿内有绿关祀关帝羽像，已毁。院中有汉柏一株，树冠覆荫60余平方米，堪称一绝
9	泰山风景名胜区	红门景区	汉柏第一	自然景源	特级	树干高仅0.8米，而直径达1.1米，三股枝权扭曲盘旋而上。东厅前穿过，三股权扭曲盘旋而上，三层平台，此处有古柏一株，树下石碑上"汉柏第一"题刻
10	泰山风景名胜区	红门景区	红门宫	人文景源	特级	红门宫，全名登泰山红门宫，位于泰山南麓，金大定五年（1165）奉敕重修，位于山东省泰安市与历城县两县境内长清两县上有两块红门，形似门扉而得名
11	泰山风景名胜区	红门景区	孔子登临处坊	人文景源	特级	位于一天门北，为四柱三门武跨道石坊，古藤掩映，典雅端庄，明嘉靖三十九年（1560）始建。东临察御史李复初题"登高必自"碑，北侧为楼台直接建于山门两旁并与山门连在一起，西为巡抚山东监察御史朱衡题"天阶"坊。孔子登临处额题"孔子登临处"五大字
12	泰山风景名胜区	红门景区	斗母宫	人文景源	特级	斗母宫是泰山景区中最为幽静的所在。斗母宫古名"龙泉观"，它临涧溪而建，分为北、中、南3院。山门面西，钟鼓二楼直接建于宫门两旁并与山门连在一起，来到斗母宫、天门依然高挂，遥不可及；南望来路，一些低峰矮山却尽在脚下了

附录 山东省国家级风景名胜区重要景源一览表

序号	风景区名称	所属景区	景源名称	景源类别	级别	景源简介
13	泰山风景名胜区	红门景区	经石峪	人文景源	特级	经石峪位于泰山斗母宫东北，有分路盘道相通，过濑玉桥，高山流水亭，神憩桥即至。峪中有缓坡石坪，上刻录书《金刚经》，俗称晒经石。明隆庆年间万恭书刻"曝经石"
14	泰山风景名胜区	红门景区	四槐树	自然景源	特级	四槐树位于壶天阁与柏洞间的中间位置，相传为唐代鲁国公程咬金亲手所植，至今已有1300多年的历史，目前仅剩4棵古槐树，其中两株民国前已枯死
15	泰山风景名胜区	中天门景区	东御道（汉御道）	人文景源	特级	泰山东麓，万紫气东来之意，为汉武帝登封泰山的御道。因岁月沧桑，古时御道儿乎无迹可寻，仅存一条林间小路勉强到达中天门。东御道建设项目于2022年6月底开工，项目总投资约1.06亿元，全面整修了东御道盘山路长约5千米，设置台阶4000余级
16	泰山风景名胜区	岱庙景区	岱庙坊	人文景源	特级	遥参亭与岱庙之间是岱庙坊，又名玲珑坊，建于清代康熙十一年（1672），为四柱三间三楼式牌坊，宽9.8米，通高11.3米，进深3米，高低错落，通体浮雕，精工细琢，为清代石雕建筑的珍品
17	泰山风景名胜区	岱庙景区	岱庙唐槐	自然景源	特级	岱庙配天门西院内有古槐一株，基径达1.94米，经考证系唐代遗植。明《泰山小史》记载："唐槐在延禧殿前，大可数抱，枝干荫阶亩许。"一是明代万历年间树旁立一石碑：一曝经碑，大书"唐槐"二字
18	泰山风景名胜区	岱庙景区	岱庙	人文景源	特级	岱庙位于山东省泰安市泰山南麓，俗称"东岳庙"。始建于汉代，是泰山最大、最完整的古建筑群，是历代帝王举行封禅大典和祭拜泰山神的地方。坛庙建筑是汉民族祭祀天地日月山川、祖先社稷的建筑，体现了汉族作为农业民族文化的特点
19	泰山风景名胜区	岱庙景区	岱庙碑刻	人文景源	特级	岱庙后花园景区内，是继西安、曲阜之后的全国第三座碑林，内有汉画像石48块，碑碣168块，《泰山刻石》、有意武后与高宗同治天下，恩爱如鸳鸯的《双束碑》等。168块碑碣中，有"天下第一刻"之称唐玄宗御制御书的《纪泰山铭》，弥足珍贵
20	泰山风景名胜区	岱庙景区	铜亭	人文景源	特级	铜亭位于岱庙后花园灵应宫，又名"金阙"，1972年移入岱庙。明万历四十三年（1615）铸造，亭为铜铸仿木结构，造型优美，铸工精致，系明代铸造艺术精品，它与北京颐和园铜亭、昆明鸣凤山铜亭并称"国内三大铜亭"
21	泰山风景名胜区	红门景区	王母池	自然景源	特级	王母池位于山东省泰安市环山路东首，古称"瑶池"。王母是天宫所有女仙及天地间一切阴气之首，护佑婚姻和生儿育女之事的女神，全真教的祖师
22	泰山风景名胜区	嵩里山-灵应宫景区	灵应宫	人文景源	特级	泰山灵应宫，灵应宫位于泰安城西南隅，嵩里山东，系碧霞元君的下庙，东西宽40余米，占地面积6000多平方米，是泰山碧霞元君上、中、下三庙中规模最大的一组建筑群
23	泰山风景名胜区	中天门景区	望人松	自然景源	特级	泰山迎客松是山东省泰安市泰山风景名胜区的地理性标志，已经被列入世界文化自然遗产名录。泰山迎客松已有500余年的树龄。泰山迎客松位于泰山路盘道五大夫松西侧的山坡上。泰山迎客松冠下一长枝形成一方迎接入方来泰山旅游的游客，故名泰山迎客松

序号	风景区名称	所属景区	景源名称	景源类别	级别	景源简介
24	泰山风景名胜区	南天门景区	泰山盘路	人文景源	特级	泰山十八盘是泰山登山盘路中最险要的一段，共有石阶1827级，是泰山的主要标志之一
25	泰山风景名胜区	天烛峰景区	秦御道	人文景源	特级	从泰山天烛峰景区到山顶的后石坞景区，这里山峰险峻，山谷幽深，奇松怪石遍布，山泉、溪流、瀑布随处可见，是泰山最早的登山路线，也是自然景观最集中、最优美的一条登山路线，充满了自然的原生野趣。所以人们称之为泰山的奥区，所以又被称为泰山的"十里画廊"
26	泰山风景名胜区	南天门景区	姊妹松	自然景源	特级	此树位于海拔1402米泰山后石坞娘娘庙西南面的鹤山上，于1987年被列入世界自然遗产名录。两树根连枝结，形体相似，在沧桑岁月中栉风沐雨，笑傲群芳，由于它们相依依生长，好像夫妻又好像姐妹，人称"姊妹松"
27	泰山风景名胜区	竹林寺景区	西溪石亭	人文景源	一级	泰山"西溪石亭"，位于泰山西溪，百丈崖之下，黑龙潭之上，若非攒头之顶，与石屋无异
28	泰山风景名胜区	南天门景区	孔子庙	人文景源	一级	泰山孔子庙，位于泰山天街东端北侧，为明嘉靖年间尚书朱衡所建，万历年间修大殿，1984年重建。还有一座"望吴圣迹"石坊
29	泰山风景名胜区	南天门景区	西神门	人文景源	一级	泰山西神门，一座规模不大的山门，这里是从天街去向碧霞祠和玉皇顶的必经之处
30	泰山风景名胜区	南天门景区	拱北石	自然景源	一级	在玉皇顶的日观峰东侧的日观峰上，有一巨石向北斜上横出，名为"拱北石"，因其形犹如起身探海，故又名"探海石"。石长6.5米，是泰山标志之一，也是登岱观日出的好地方
31	泰山风景名胜区	南天门景区	日观峰	自然景源	一级	日观峰位于泰山玉皇顶东南，古称介丘，因可观日出而得名。相传在峰巅西可望秦，南可望吴，故又称秦观峰
32	泰山风景名胜区	南天门景区	仙人桥	自然景源	一级	仙人桥架在两个峭壁之间，横架在两个峭壁之间，长约5米，由三块巨石巧接而成，相互抵撑的三块巨石，略呈长方形，大小2～3立方米，桥下为一深涧，南侧面临万丈深渊，峻于一体，峻、奇、险，集险、奇、集，令人望而生畏
33	泰山风景名胜区	南天门景区	云海玉盘（观景点）	自然景源	一级	云海玉盘是泰山岱顶的一大奇观。夏天，雨后初晴，大量水蒸气蒸发上升，加之夏季从海上吹来的泰山的暖温空气被高压气流控制在海拔1500米左右时，在岱顶就会看见白云平铺万里，犹如一个巨大的玉盘悬浮在天地之间
34	泰山风景名胜区	南天门景区	瞻鲁台	自然景源	一级	爱身崖上有巨石笑天，高约3.3米，石旁大书"瞻鲁台"，俗称嘴杆石。"瞻鲁台"3字横列1行，字径130厘米，题刻年代不详。字间高140厘米，宽370厘米，楷书
35	泰山风景名胜区	南天门景区	云海	自然景源	一级	泰山云海是山东泰山顶峰特有自然奇观之一，多在夏，秋两季出现
36	泰山风景名胜区	南天门景区	玉皇顶	自然景源	一级	玉皇顶由山门、玉皇殿、迎旭亭、望河亭和东西神房组成。主殿-玉皇殿为五脊硬山顶，四柱七檩五架梁前廊式，筒瓦、板瓦，垂脊、螭吻，垂兽等均为铁铸，殿内神龛供明代时铸玉皇大帝及二待童铜像

序号	风景区名称	所属景区	景源名称	景源类别	级别	景源简介
37	泰山风景名胜区	南天门景区	极顶石	自然景源	一级	玉皇顶旧称太平顶，也称玉皇顶，这里是泰山绝顶，庙院中央有块极顶石，极顶石上有上帝神像，是历代帝王登封禅的地方。主殿供奉玉皇上帝神像，庙院中央有块极顶石，极顶石上有通石栏。四周围以石栏。"1545米"两行字，是泰山的最高点，石上有南阳王均1921年题写的"极顶"二字
38	泰山风景名胜区	南天门景区	无字碑	人文景源	一级	泰山玉皇顶玉皇庙门前有一座高6米，宽1.2米，厚0.9米的石碑，碑顶上有石覆盖，石色黄白，形制古朴浑厚。奇特的是，碑上没有一个字，因而被人称为泰山无字碑
39	泰山风景名胜区	南天门景区	北天门坊	人文景源	一级	泰山景点之一，自丈人峰顺坡北下，至山坳处有石坊，原额"元武"，清末记。1984年重建。双柱单门石坊，额书"北天门"。是岱顶通往后石坞的必经之路。坊北是摩云岭，自坊前顺坡东下至"形谷底是"乱石沟"，过沟是独足盆，再前行可至后石坞著景点
40	泰山风景名胜区	红门景区	一天门坊	人文景源	一级	泰山一天门坊，位于泰山红门宫南的盘道上。明代建，清康熙五十六年（1717）重建。巡抚都察院李树德题额"一天门"
41	泰山风景名胜区	红门景区	红门	人文景源	一级	泰山红门位于岱宗坊北，红门路北首，东临中溪，西掌大藏岭。宫因岭南崖有红石如门而得名。创建时间无考，明清时重修。庙分东西两院，东为弥勒宫，西为红门宫，中由飞云阁相连
42	泰山风景名胜区	红门景区	万仙楼	人文景源	一级	万仙楼位于山东省泰安市境内泰山中麓红门宫北，是跨道门楼式建筑，明万历年间（1620）创建，保存了清代建筑风格。后来祀碧霞元君。传为泰山群仙聚会，议事讲经的地方
43	泰山风景名胜区	红门景区	三义柏	自然景源	一级	三义柏位于泰山中路万仙楼台阶下东侧，有300多年树龄的古柏3株，由南向北，长次分明，并列而生，由此得名
44	泰山风景名胜区	红门景区	卧龙槐	自然景源	一级	卧龙槐位于斗母宫宫门口，树干平卧山坡，侧枝平卧生根，根际盘曲，树冠冠仰起，宛如卧龙翘首，俗称卧龙槐，南北相距8余米，富有情趣，为游客所赞誉
45	泰山风景名胜区	红门景区	三官庙	人文景源	一级	三官庙位于泰山中路斗母宫东北，经石峪西炮岭西。三官庙在主峰斗母宫东北，经石峪西炮岭上，有一座石亭，名为高山流水亭。该石亭为明代隆庆六年（1572）兵部侍郎万恭所建。万恭，南昌人，隆庆年间督理河工，登泰山，见此处大字雄奇，景色别致，依高山，临流水，遂建高山流水之亭
46	泰山风景名胜区	红门景区	高山流水亭	人文景源	一级	壶天阁位于泰山中路回马岭下，明嘉靖年间称升仙阁，乾隆十二年拓修建改名壶天阁，取自道家以壶天为仙境之意，1979年重建壶天阁。壶天阁跨盘道而建，为城门楼式，门洞上镶石匾额
47	泰山风景名胜区	红门景区	壶天阁	人文景源	一级	"壶天阁"，门两侧是乾隆皇帝登泰山所题

序号	风景区名称	所属景区	景源名称	景源类别	级别	景源简介
48	泰山风景名胜区	红门景区	回马岭坊	人文景源	一级	回马岭位于泰山登山中路的中段，壶天阁之下，中天门之上，海拔800米，古名石关、瑞仙岩。这里山重水复，峰回路转，景色十分优美。现有石坊一座，额刻"回马岭"三字，东西崖镌隆帝爱新觉罗·弘历《回马岭》诗三首，是泰山风景区著名景点
49	泰山风景名胜区	红门景区	药王殿	人文景源	一级	药王殿坐落在泰山海拔800多米的地方，又名金星亭，建造年代已无从考证，坍塌以后再清朝著名建筑师魏祥重建于道光年间。现在的建筑是1981年再次重修的
50	泰山风景名胜区	红门景区	三大士殿	人文景源	一级	泰山观音庙位于泰山南麓，观音殿又称"三大士殿"，此殿创建年代无考。明、清均曾重修。后荒废，20世纪80年代重建。殿内供奉的是大慈大悲的观世音菩萨、文殊菩萨、普贤菩萨
51	泰山风景名胜区	中天门景区	中天门	人文景源	一级	中天门是泰山登山东、西两路的交汇点，上下必经之地。中溪山侧为中溪，古称大直沟，古为登东路。中天门建于清，中天门式单门式石坊
52	泰山风景名胜区	岱庙景区	遥参亭坊	人文景源	一级	位于遥参亭前，双龙池侧。建于清乾隆三十五年（1770）。石坊为四柱门式，四石柱均有石座，柱下部有滚墩石，上部有门帽，额枋、回纹雀替、额板上题"遥参亭"，落款"乾隆三十五年"
53	泰山风景名胜区	岱庙景区	双龙池	自然景源	一级	双龙池，位于泰安市中心，东岳大街东段，通天街北首，遥参亭南邻，可谓是登山必经第一景区，始建于清光绪六年（1880）双龙池由水池、栏板两部分组成。北面正中栏板内侧回刻行书"龙跃天池"四字。池东西长5.5米，南北宽3.56米，深2.4米，池内东南、西北两角各有石雕龙头
54	泰山风景名胜区	岱庙景区	遥参亭	人文景源	一级	遥参亭是岱庙建筑群南北轴线上的第一组建筑，实为岱庙的入口。自此向北轴线直抵泰顶的"南天门"。古代帝王凡有事于岱宗，均先在此"草参"，再入庙祭祀，遥参亭前临御街。清乾隆三十五年在门前建造石坊。额上刻字"遥参亭"
55	泰山风景名胜区	岱庙景区	汉柏六株	人文景源	一级	岱庙汉柏，位于岱庙之汉柏院内。为汉武帝封禅泰山所植人颗泰山柏树之一，今存六棵，汉柏年最古，树龄约2100年。如今岱庙尚存汉柏六株，分别名曰"汉柏连理"、"赤眉斧痕"、"古柏老桧"、"岱岳苍柏"、"挂印封侯"和"昂首天外"
56	泰山风景名胜区	岱庙景区	宋天贶殿	人文景源	一级	位于岱庙仁安门北侧，是岱庙中的主体建筑，传为宋代创构。元称"仁安殿"，明称"峻极殿"，民国始称今名。缘自宋代真宗限造"天书"之事。殿前露台高筑，汉白玉雕栏环绕，云形望柱齐列，玉阶曲回，气象庄严
57	泰山风景名胜区	红门景区	王母池	人文景源	一级	"朝饮王母池，暝投天门关"，这是唐代诗人李白在《泰山吟》中描写王母池的诗句，王母池古称群玉庵，又名瑶池，中溪水自东向西，临溪庙字建筑，依山傍而建，面城而临，密林掩映，溪泉潺潺
58	泰山风景名胜区	岱庙景区	玉皇阁坊	人文景源	一级	位于泰安市泰山区红门路东，建于清代，为双柱单门式石坊，方柱立于基石上，柱下施滚墩石，柱上施额枋、额板和过梁，上置正斗，五脊瓦大脊、勾头、滴水，正脊上浮雕宝相花等纹饰，额题"玉皇阁"、"白鹤泉"。玉皇阁始建于明隆庆年间，早年已毁，仅存石坊

序号	风景区名称	所属景区	景源名称	景源类别	级别	景源简介
59	泰山风景名胜区	竹林寺景区	五贤祠	人文景源	一级	泰安市泰山五贤祠，在普照寺西北，祠东有投书洞，西有香水峪，溪水环流，山石林立
60	泰山风景名胜区	灵岩寺景区	摩顶松	自然景源	一级	在泰山西麓灵岩寺大殿正门外生长着一株古侧柏，因古时松柏不分，又号"柏"与"悲"同音，为避讳才取名"摩顶松"。高12.5米，冠幅东西5.0米，南北8.0米，胸围2.8米。在树高7米处自然弯曲向东生长，9米处分生3主枝，历尽千多个春秋。众多分枝曲承接
61	泰山风景名胜区	灵岩寺景区	汉柏纪	自然景源	一级	此树位于山东省泰安市泰山西麓灵岩寺内。树干通直，树势挺拔，枝繁叶茂。树下有明万历三十六年刻"汉柏纪"石碑一块。据记载，汉武帝曾梦见灵岩寺东方位有一相柏，遂派人来查看，果见此树，后人赞誉此树为"灵岩汉柏"
62	泰山风景名胜区	灵岩寺景区	辟支塔	人文景源	一级	岩寺标志性建筑建始，建于宋淳化五年（994），塔高54米，为八角九层，楼阁式砖塔。塔基石筑八角，八面浮雕镂古印度孔雀王朝阿育王皈依佛门等故事。塔身青砖砌成，四面辟门。各层施腰檐，塔上置青砖塔刹，白玉盖下垂八根铁链，由人身金刚承接，整体造型优美，比例适度，做工精美
63	泰山风景名胜区	灵岩寺景区	慧崇塔	人文景源	一级	慧崇塔位于塔林北端最高处，是唐代灵岩寺高僧慧崇禅师的墓塔。此塔建于唐天宝年间（742—756），是现存最古老的一座墓塔，塔高5.3米，塔下束腰须弥座，座上砌方形塔身，南面辟券门，东西两侧作假门，皆作人半露状，塔上砌单层重檐亭阁式塔，塔上砖砌宝瓶做塔刹。东南两面作进人状，西南两面作出人状
64	泰山风景名胜区	灵岩寺景区	灵岩寺墓塔林	人文景源	一级	灵岩寺墓塔林，济南市长清区灵岩寺的西崖，是唐代以来埋葬灵岩寺历代住持僧的场所。有唐、宋、元、明、清各代的墓塔167座，墓塔林立，其数量仅次于河南登封少林寺，为我国第二大墓塔群
65	泰山风景名胜区	灵岩寺景区	鸳鸯檀	自然景源	一级	"青檀干岁"在灵岩寺的南院，北面的一大景观，因双株并列又名鸳鸯檀。相传树龄在千年以上，是灵岩寺的一株并列檀树，南面一株树高7.5米，树围1.84米，北面一株树高6.5米，树围2.2米
66	泰山风景名胜区	灵岩寺景区	檀抱泉	自然景源	一级	檀抱泉位于济南市长清区万德街道灵岩村，明孔山北麓，又名东檀泉，现名列济南新七十二泉。因以石修建的洞六角式泉池上部，有一株千年青檀古树树根紧拥抱此泉，故得名
67	泰山风景名胜区	中天门景区	酌泉亭	人文景源	一级	泰山观瀑亭又称酌泉亭。据当地史料记载，就座亭子上的楹联，观瀑亭始建于清光绪年间，由泰安知县毛蜀云主持修建。这座亭子为清光绪年间，它的建造年代要比高山流水之亭晚一些，里里外外有五幅之多
68	泰山风景名胜区	中天门景区	云步桥	人文景源	一级	云步桥，东西向，单孔石拱桥，长12.2米，宽4.35米，拱高6.1米，跨度11.8米。桥西侧设石勾栏，由伏石、华板、望板、勾栏等组成，勾栏高1.15米。桥东首为"八"字形石阶，两侧设斜坡勾栏，勾栏末端桥柱均作顶状。坐落于毛五松亭下，快活三里北首

序号	风景区名称	所属景区	景源名称	景源类别	级别	景源简介
69	泰山风景名胜区	中天门景区	五大夫松坊	人文景源	一级	五大夫松坊位于五松亭东侧盘道上，二柱单间石坊，长方基石，坊柱下前后施滚墩石，石上浮雕团花。隶额"五大夫松"四字。清《泰山志》称此坊为小天门，而明代又叫诚意门
70	泰山风景名胜区	中天门景区	五大夫松	自然景源	一级	五大夫松是秦始皇登封泰山时，中途遇雨，避于大树之下，因树护驾有功，遂封该树为"五大夫"爵位。后被雷雨所毁。清雍正年间，钦差丁皂奉诏重修泰山时补植五株，今存两株，苍劲古拙，拳曲葱郁，被誉为"秦松挺秀"，现已列为泰安八景之一
71	泰山风景名胜区	中天门景区	五松亭	人文景源	一级	五松亭又名憩客亭，位于中天门北，因亭前有五大夫松而得名。此亭南近云步桥、北邻朝阳洞。亭长3间，宽2间，创建无考，明、清重建，1956年扩为5间，1978年又翻修歇山顶
72	泰山风景名胜区	南天门景区	对松亭	人文景源	一级	对松亭位于对松山开山南，登山盘道西岭。此处多古松，青翠蔽日。亭。亭创建无考，1961年重修，四角攒尖顶，木石结构，山峰夹顶，边长4.6米，通高7.1米。四角柱承四角梁，扶角石砌墙，柱外石砌墙，东向开门，门两侧各开一窗，门高2.2米，宽1.45米，窗高1.7米
73	泰山风景名胜区	南天门景区	升仙坊	人文景源	一级	升仙坊位于南天门下。此处山势陡峻，悬崖峭壁，咫尺仙境，恍有飘然升仙的意境，故名升仙坊
74	泰山风景名胜区	竹林寺景区	扇子崖	自然景源	一级	扇子崖位于西溪西侧，上临仰天庭，形如扇面，高耸峻峭。这里奇峰矗立，高耸俊峭，崖西有铁梯，登顶可北眺龙角峰，西望傲徕山。东俯龙潭水库，风光独特。扇子崖美不胜收。崖上有明人题刻摩崖石刻"仙人掌"。扇子崖山势峻险，是即将划登山探险线路中穿越难度较大的低山游览景点
75	泰山风景名胜区	桃花峪景区	彩石溪	自然景源	一级	泰山彩石溪，位于泰山桃花峪岭景园区，是世界地质公园、国家地质公园标志性景观。泰山彩石溪上自桃花源龙湾形成断续而下，至桃花岭核桃园上游形成说岗园区，全长约5千米，沿途有钓鱼台景点、碧峰寺景点、赤鳞溪景点、红雨川景点、彩石崖峭壁景观
76	泰山风景名胜区	桃花源景区	黄石崖	自然景源	一级	断裂是构造作用将地层（岩石）破碎并使其发生明显错动和位移的一种现象。龙角山断裂的特征表现为断裂带左侧为二长花岗岩，右侧为片麻岩（泰山岩群），断裂带宽约40米，因裂带岩石破碎，后期崩塌后形成了独特的黄石崖峭壁景观
77	泰山风景名胜区	玉泉寺景区	玉泉	自然景源	一级	玉泉寺因"玉泉"而得名，亦因寺南而寺有不不，北魏景明年间，僧意禅师云游至此，见此清泉一泓，自石缝涌出，饮之后悟，乃于泉侧，创建伽蓝，迨至金代，翰林学士党怀英临流挥毫，名之曰玉泉，遂有玉泉寺之称
78	泰山风景名胜区	玉泉寺景区	玉泉寺	人文景源	一级	玉泉寺，位于山东省泰安市岱顶北，山径盘旋20余公里，直线距离为6.3千米，故名谷山寺，东有玉泉，俗又称谷山佛寺。玉泉寺因山有玉泉，亦名玉泉寺。1993年在旧址上与泰城相通。玉泉寺因南北朝时由北魏高僧意禅师创建，后经重度，重建大雄宝殿及院墙

序号	风景区名称	所属景区	景源名称	景源类别	级别	景源简介
79	泰山风景名胜区	玉泉寺景区	一亩松	自然景源	一级	一亩松为泰山众多古松中，遮阴面积最大的一株。树高12.5米，冠幅26.8米×33.5米，胸围约3米，故名一亩松。树龄800余年，树干粗壮敦实，凹凸起伏，古老苍劲
80	泰山风景名胜区	天烛峰景区	大天烛峰	自然景源	一级	在九龙岗南崖之上，两座相距不远，隔洞相望，形状近似巨烛的山峰，分别被称为大天烛峰、小天烛峰。天烛峰在泰山的东北麓，有一条蜿蜒曲折的登山路直在位峰顶
81	泰山风景名胜区	南天门景区	小天烛峰	自然景源	一级	小天烛峰一柱擎天孤峰从谷底耸然拔起，直插云霄，高耸似烛。故名；因峰端端生的劲松宛若烛焰燃烧，又称烛焰松，小天烛峰还有一座柱状山峰一些，比小天烛峰峰样粗壮一些，是为大天烛峰
82	泰山风景名胜区	南天门景区	元君庙	人文景源	一级	独足盘东北有一处庵观，称元庙，俗称娘娘庙，初建于明代。明隆庆六年（1572）宗室朱睦桔建，供奉昊天上帝像，万历十九年（1591）修圣母寝宫楼，供奉碧霞元君。清顺治、康熙年间均有重修，乾隆年间重修后改称石坞庙。光绪重修时称石坞庙
83	泰山风景名胜区	竹林寺景区	滦州起义革命烈士祠	人文景源	一级	烈士祠在荷花荡东岸，东西夹洞，绿树浓荫，施从云、邓茂宸、郑振堂等烈士而建革命时期滦州起义将领王金铭、施从云、邓茂宸、郑振堂等列士而建
84	泰山风景名胜区	竹林寺景区	三阳观	人文景源	一级	三阳观位于山东泰山五贤祠北凌汉峰山腰。这里松柏葱茏，麻栎蒿草，泉石俱然，幽奥静僻。明嘉靖三十年（1551），东平道士王三阳携徒夹此"伐木剃草，置石为窟"，明于慎行为之记："入门三之记"，得蹊径而上。有殿道前，又左为客寮四楹，以待游憩。"
85	泰山风景名胜区	灵岩寺景区	千佛殿	人文景源	一级	千佛殿位于摩顶松北，为寺内主体建筑，建于唐、拓于宋、重修于明清。金碧辉煌，规模宏伟。殿内置释迦牟尼大佛、毗卢遮那、药师佛三尊佛像，供奉须弥座，中为末塑藤胎毗卢遮那，东、西为明铸药师佛铜佛和阿弥陀铜佛
86	泰山风景名胜区	灵岩寺景区	灵岩彩塑	人文景源	一级	岩寺彩塑，指济南市长清区灵岩寺千佛殿内的40尊彩塑罗汉像
87	泰山风景名胜区	竹林寺景区	冯玉祥墓	人文景源	一级	山东省泰安市泰山西麓。著名爱国抗日将领冯玉祥1948年由美国回国途中在黑海因轮船失火遇难。1953年，中共中央拨专款为冯将军修墓。依照其遗愿，墓址选在他生前经常居住的泰山。同年10月，冯玉祥遗骸迁葬于此
88	泰山风景名胜区	竹林寺景区	无极庙	人文景源	二级	无极庙乃泰山上的一个千年古寺。无极庙盛产泉水而著称，此泉水质甘醇清澈，直接引用也可煮沸后泡茶
89	泰山风景名胜区	竹林寺景区	长寿桥	人文景源	二级	长寿桥位于山东泰安市泰山黑龙潭上。1925年张培荣建无极庙时所建。似龙潭横生一条彩虹，与游人传情；如山洞跃出，与龙潭增姿增色
90	泰山风景名胜区	竹林寺景区	西长寿桥亭	人文景源	二级	长寿桥石亭位于长寿桥两端，1925年张培荣建无极庙时所建，1965年从无极庙移此。东为云亭，西为风雷亭，均建在方形石台基上
91	泰山风景名胜区	竹林寺景区	东长寿桥亭	人文景源	二级	长寿桥石亭位于长寿桥两端，1925年张培荣建无极庙时所建，1965年从无极庙移此。东为云亭，西为风雷亭，均建在方形石台基上

序号	风景区名称	所属景区	景源名称	景源类别	级别	景源简介
92	泰山风景名胜区	竹林寺景区	百丈崖瀑布	自然景源	二级	泰山百丈崖瀑布位于山东泰安泰山西溪，传说此潭与东海相通，有龙自由来去，故名黑龙潭
93	泰山风景名胜区	竹林寺景区	黑龙潭	自然景源	二级	黑龙潭，位于山东泰山白龙池北。潭北是百丈崖，瀑流下泻东崖直冲崖下石穴。石穴因常年溪水撞击，腹若瓦瓮，深河数丈，附会与东海龙宫相通，故名
94	泰山风景名胜区	南天门景区	天街牌坊	人文景源	二级	天街坊位于天街西端入口处，始建于明代。清末被毁，1986年重建，为四柱三间三楼冲天式牌坊，其柱前后的抱鼓石为石雕麒麟，正脊中央为石雕额题刻"天街"二字，无楹联。此坊前高大雄伟，比例协调，工艺精湛，不失为泰山天街的标志性建筑
95	泰山风景名胜区	南天门景区	白云洞	自然景源	二级	象鼻峰有白云洞，又名白云窝，因地处悬崖，下临绝壁，危岩多穸，洞内明人题"卧云"、"锁云"，洞口有清代光绪四年（1878），山东按察使蒙山题联作象书，洞内"品物流天"，万民所望，百合用成，"东侧有白云深处，山河一览，贮云峰，白云洞等石刻
96	泰山风景名胜区	南天门景区	象鼻峰	自然景源	二级	天街中段，有石阶可下陡崖，循石阶小道西去，一巨石酷似大象的头部，上有巨石垂下，好似象鼻。上有题刻"象鼻峰"。象鼻峰又叫象山，其崖壁上历代题刻甚多
97	泰山风景名胜区	南天门景区	青云洞	自然景源	二级	在象鼻峰的东侧还有一石洞名"青云洞"，因洞中常会冒青烟而得名。据传两个洞里冒出的云烟相遇，就会有大雨来临
98	泰山风景名胜区	南天门景区	丈人峰	自然景源	二级	峰上石刻有"天下第一山"、"凌霄峻极"、"中天独立"、"东柱第一灵区"等，并有乾隆所留诗文："丈夫五岳自青城，岱顶何来假借名。谁因杜老如此赞，却是世人知此贤。"这里还有外国人所留刻，1990年日本书法家柳田泰云书"国泰民安"在此留书
99	泰山风景名胜区	南天门景区	后石坞	自然景源	二级	后石坞位于岱顶天空山下，内有独足盆、古松庙、九龙岗、天烛峰等景点。从岱顶可到达天人峰乘索道直达
100	泰山风景名胜区	南天门景区	伟晶岩脉	自然景源	二级	岩脉是岩浆在上升过程中穿捕在早年形成的岩石之中的脉状结晶体，一般呈线状分布。宽度不等，窄的仅几毫米，宽的数米。长度不限。伟晶岩脉是岩脉中颗粒粗大的岩脉，由此得名的矿物晶体可达2毫米以上。岩脉中矿物颗粒的大小可以判别矿物结晶时的温度和来源
101	泰山风景名胜区	桃花峪景区	桃花元君庙	人文景源	二级	元君庙不算宽敞，有一木架子，架子上刻着"春到桃花无处无，岭名盖岭武陵寺。五株不见古松老，半点河曾爱浮萍"。此刻于新中国成立后因采矿而毁
102	泰山风景名胜区	竹林寺景区	筛月亭	人文景源	二级	筛月亭位于山东泰安市现存的数座古亭中较为著名的一座子，是泰安市古代乾隆皇帝《桃花峪》诗刻："此刻于新中国成立后因采矿而著名。"
103	泰山风景名胜区	红门景区	凌霄	自然景源	二级	在崇宁殿旁，有一木架子，架子上架着一个凌霄树，嫩绿的叶子满是绿色，阳光照射在叶子上显得生机勃勃，但新枝茁壮。架子上最著名的凌霄树，此木已将近300年的历史，它的老叶已经枯萎，已经被列入世界自然遗产名录

序号	风景区名称	所属景区	景源名称	景源类别	级别	景源简介
104	泰山风景名胜区	红门景区	风月无边	人文景源	二级	"风月无边"刻石，这实际是个拆字游戏，是"风月"二字拆去边框所得，隐喻"风月无边"之意，用来形容这里风景优美，吸引游人驻足观赏猜度字谜奥妙。"虫二"，是繁体字"風"和"月"两个字去掉边，寓意为"风月无边"
105	泰山风景名胜区	红门景区	辉绿玢岩	自然景源	二级	17.6亿年前岩浆沿着25亿年前形成的中天门岩体（石英闪长岩）的裂缝上涌并冷结成辉绿玢岩。由于岩浆于地壳浅部的岩浆温度下降迅速，岩浆凝固快，所以岩石颗粒较细，与周围的岩石有着明显的界线。这种现象告诉我们，穿插其中的岩石老，被冲断的岩石新
106	泰山风景名胜区	红门景区	斗母宫牌坊	人文景源	二级	斗母宫牌坊为双柱单门牌坊，跨盘道而立，南额题"斗母宫"，坊阴额题"登天工程"。此坊1994年新建的
107	泰山风景名胜区	红门景区	三潭叠瀑	自然景源	二级	在泰山地区，由于地形高峻，河流短小流急，侵蚀力强，河道受断层控制，因而多跌水、瀑布。在斗母宫东洞内，由三个小跌水组成的三潭叠瀑，潭瀑相连，每级落差3米，颇具特色，因瀑流如龙飞舞，人们又称它为飞龙洞
108	泰山风景名胜区	红门景区	高老桥	人文景源	二级	位于泰山景区斗母宫之北，属古建筑中的桥身涵洞码头类。桥为双洞石桥，长5.59米有余，宽5.81米，桥墩高3.06米，建筑面积约32.5平方米，桥栏为条石垒砌，桥面为条石铺就，在桥南头筑有石质旗杆座一对
109	泰山风景名胜区	红门景区	碧霞灵应宫	人文景源	二级	从经石峪返回主盘道，过水谷洞不远，就到"万笏朝天"的石刻处，在路西旁见到一块块峻峭的巨石朝天而立，前方石阶上有一建筑，门上有匾额"碧霞灵应宫"
110	泰山风景名胜区	红门景区	万笏朝天	自然景源	二级	从经石峪返回主盘道，过水谷洞不远，看上去颇像古代朝廷里大臣朝见皇帝时手持的狭长笏板，故喻之为"万笏朝天"
111	泰山风景名胜区	红门景区	东西桥（过仙桥）	人文景源	二级	过仙桥又名登仙桥，俗称东西桥子，位于斗母宫北。桥为双洞石桥，长5.59米，宽5.81米，桥墩高3.06米。中砌方石墩，两侧用厚条石垒砌，桥面用条石平铺，桥南有旗杆座一对
112	泰山风景名胜区	红门景区	总理奉安纪念碑	人文景源	二级	总理奉安纪念碑是为纪念孙中山灵枢移葬南京而建，在柏洞与歇马崖之间的狭道东侧。1929年，山东人民为纪念孙中山而建。碑由碑座、碑体和碑首三部分组成，碑座两层，下层为五棱合石，上沿抹角内收，上层弧形内收，共高1.06米
113	泰山风景名胜区	中天门景区	步天桥	人文景源	二级	步天桥是天桥起名前的一副楹联：登此山一半已是壶天；造极顶千重尚多福地
114	泰山风景名胜区	中天门景区	玉液泉	自然景源	二级	距中天门50~60米，山道上侧石壁上草书"玉液泉"三字。泉池开凿于基岩上，深约1.5米。平时出水量每天2立方米，大旱时涌水量亦达1立方米。水质清凉，主要供附近居民生活用水
115	泰山风景名胜区	岱庙景区	正阳门	人文景源	二级	门楼、角楼均于民国年间毁坏。1985年重建。出岱庙坊，映入眼帘的是高大宽阔的"正阳门"，两扇朱红大门，象征着岱庙的尊严，古时候只有皇帝才能从此门进入

序号	风景区名称	所属景区	景源名称	景源类别	级别	景源简介
116	泰山风景名胜区	岱庙景区	配天门	人文景源	二级	帝王来岱庙祭祀时，于此门前降舆，并拿手而入仁安门。建筑为单檐歇山式，面阔五间，进深三间，东为三灵候殿，西为太尉殿。门前黄帷少憩，门内旧祀青龙、白虎、朱雀、玄武四方星宿，两侧配殿，分置于配天门前的两尊铜狮，系明万历年间铸造
117	泰山风景名胜区	岱庙景区	厚载门	人文景源	二级	始建于宋祥符二年（1009），明称后宰门，也称鲁瞻门，是岱庙的北门，取自《易·坤》所说的"坤厚载物"，即大地因广厚而能载万物之意。厚载门上城楼名望岳阁，登临眺望可一览泰山雄姿
118	泰山风景名胜区	红门景区	老君堂	人文景源	二级	泰山老君堂位于泰山南麓红门路北端东侧，王母池西临，也称作太上老君殿，是泰山上唯一供奉道德天尊
119	泰山风景名胜区	红门景区	涤尘泉	自然景源	二级	涤尘泉为泰山名泉，位于王母池庙西南 50 米，老君堂东南 80 米，先奉著名旅游地理著作《山海经》记载之泰山古亦之右。地处泰山岱庙区，山岩裂隙水流出而成泉。泉水清澈甘甜，饮之有洗尘滤之感
120	泰山风景名胜区	红门景区	八仙桥	人文景源	二级	八仙桥架于梳洗河上，位于岱麓王母池畔，桥东飞龙峰，传系吕洞宾修炼成仙之所，洞口有副情景交融的对联"五夜慧灯山送月，四时清籁石吟风"，洞内还有两家打油诗，说是吕纯阳所作，漫不可考
121	泰山风景名胜区	红门景区	王母池蜡梅	自然景源	二级	走进王母池，在正殿前，紧邻下方的盘石东西两侧，各有一四方基台，里面分别种植、养成蜡梅相对枝干更粗壮堂
122	泰山风景名胜区	蒿里山-灵应宫景区	灵应宫银杏	自然景源	二级	短枝叶长 5.48 厘米，叶宽 8.39 厘米，叶柄长 4.96 厘米；单叶面积 30.52 平方厘米；长枝叶长 7.04 厘米，叶宽 10.11 厘米；叶柄长 4.95 厘米；单叶面积 46.18 平方厘米
123	泰山风景名胜区	竹林寺景区	洗心亭	人文景源	二级	洗心亭在五贤祠东侧，清嘉庆二年（1797年）泰安知府金棨重修五贤祠时创建了一座四角攒尖亭。取读书可洗心之意而名"洗心亭"
124	泰山风景名胜区	南天门景区	天街	人文景源	二级	泰山天街是指南天门向东到碧霞祠一段街道，全长约一华里南天门向北的一段路，约有100米，称为北天街，岱顶天街，亦称天街，商铺林立，形成了特有的风俗
125	泰山风景名胜区	灵岩寺景区	天王殿	人文景源	二级	天王殿始建于唐天宝元列，现存建筑为明代遗存。因殿内塑有护法四大天王而得名。殿东侧，持国剑者为增长天王；持琵琶者为持国天王；殿西侧，手臂绕龙者为广目天王
126	泰山风景名胜区	灵岩寺景区	大雄宝殿	人文景源	二级	大雄宝殿高约 18 米。整座宝殿琉璃红瓦，飞檐宝铃，为歇山造，面阔五间 23 米，进深 18 米，旁边并立有 10 余位尊者。里面供奉的释迦牟尼佛高达 50 台，最大一株树龄约 1600 年。
127	泰山风景名胜区	灵岩寺景区	灵岩寺古银杏	自然景源	二级	灵岩寺银杏树有几十株，尤以大雄宝殿前的这三株最为耀眼。这三株银杏，把整个月台遮盖起来，天地同只剩下一片金黄

序号	风景区名称	所属景区	景源名称	景源类别	级别	景源简介
128	泰山风景名胜区	灵岩寺景区	五步三泉	自然景源	二级	因卓锡泉、双鹤泉、白鹤泉相邻而出且山石水随锡杖飞涌而出得名。双鹤泉传为《法定祥禅寺用锡杖敲击山石而出得名。双鹤泉传为《法定祥禅寺日寸经》中樵夫指点干双鹤鸣处见泉而得名。卓锡泉为济南七十二名泉之一。三泉终年不竭，泉水清澈可鉴，注入地中宛如明镜，"镜池春晓"即出于此
129	泰山风景名胜区	灵岩寺景区	云檀	自然景源	二级	御书阁前拱门之上石隙间生出古青檀，盘根错节，枝柯纵横，状若游龙，云朵，名曰"云檀"，为寺内一大奇观
130	泰山风景名胜区	灵岩寺景区	御书阁	人文景源	二级	御书阁位于千佛殿东北，建于唐。阁内原有唐太宗、宋太宗、宋真宗、宋仁宗等御书，毁于金代。门前有宋大观年间住持僧仁钦仁篆书门额
131	泰山风景名胜区	灵岩寺景区	般舟殿	人文景源	二级	始建于唐代，为寺内主要建筑之一，宋以后各代重修皆毁废。梵语般若即智慧之意音佛法如智慧之舟能使人离迷途而登彼岸
132	泰山风景名胜区	灵岩寺景区	地藏殿	人文景源	二级	地藏殿独立成院，内有《重建地藏殿记》碑。根据碑记，灵岩寺地藏殿原在檀园宾馆前的山坡上，与药师殿等并列而建。清以前被毁
133	泰山风景名胜区	灵岩寺景区	袈裟泉	自然景源	二级	袈裟泉泉群，在灵岩寺"转轮藏"庙座遗址的东侧路南悬崖下。因泉边立有一座被称为"铁袈裟"的铸铁块而得名，曾列金、明，清三代七十二名泉。袈裟泉是个充满佛教禅意的地方，自崖壁石隙流出的泉水，百年来滋养着古刹灵岩寺的袈裟僧众
134	泰山风景名胜区	灵岩寺景区	三门殿	人文景源	二级	寺院大门一般皆三门并立，象征"三解脱门"（空门，无相门，无作门），故称"三门"。又因门两旁塑有金刚杵警卫佛发夜又神，即手持金刚杵警卫佛发夜又神，还称金刚殿
135	泰山风景名胜区	灵岩寺景区	甘露泉	自然景源	二级	甘露泉位于灵岩寺大雄宝殿东北500米处的"乾隆行宫"遗址东崖上。而崖壁上"甘露泉"的石刻，为乾隆皇帝的御笔所题。崖壁下有一方泉池，甘洌的泉水从泉池上方的龙形兽首口中喷涌而出，欢脱地沿着溪流一路奔腾而去
136	泰山风景名胜区	灵岩寺景区	证盟殿	人文景源	二级	积翠证盟殿，亦称方山证盟殿，其名来源于"幼童舍身成佛"的传说。据殿内《修方山证明功德记》石刻记载：唐初有一童儿舍身，坠到半虚，五云封之，接往西天而去
137	泰山风景名胜区	灵岩寺景区	滴水崖	自然景源	二级	滴水崖位于灵岩寺大佛山景区，呈东西走向，崖宽30余米，长300余米，常年有水流淌，如珠挂线，一缕缕、一条条，似断似续，就像一幅用珍珠级成的水帘，形成"飞流如练水恋山，滴水垂帘天上来"的瀑布奇观，真可谓"飞流如练水恋山，滴水垂帘天上来"
138	泰山风景名胜区	中天门景区	斩云剑	自然景源	二级	斩云剑，景点之一，位于山东省泰安市。增福庙在上有巨石挺立，似剑凌空，上刻"斩云剑"。此处是谷口，云雨变幻莫测，泰山主峰前下时与暖云相遇即化为雨，因此而得名
139	泰山风景名胜区	中天门景区	快活三里	自然景源	二级	在泰山中天门北，又名快活山，武中奇题"玉液泉"，登山至此，忽逢坦途，青山四围，下临绝涧，气爽景幽，南侧有名泉，水甚甘洌，《泰山药物志》将其列为泰山十二大名药之一

序号	风景区名称	所属景区	景源名称	景源类别	级别	景源简介
140	泰山风景名胜区	中天门景区	云步桥瀑布	自然景源	二级	云步桥，位于泰山中天门北。为一单孔拱形石桥，凌驾深涧，山势险峻，苍松挺拔。有淙淙溪流山泉，此处四面峰峦叠嶂，景色诱人。就能见到"云步飞瀑"，瀑布由岱顶下众多溪泉流淙而来，形成飞瀑下泻，每到雨季来临，其声悦耳，溅珠迸翠，化雾生云，蔚为壮观
141	泰山风景名胜区	中天门景区	飞来石	自然景源	二级	在御帐坪上，五大夫松之下，有一巨石陡立，危如累卵，摇摇欲坠，上刻"飞来石"三字，格外引人注目
142	泰山风景名胜区	中天门景区	御帐坪	自然景源	二级	在今山东泰安市北泰山三磴崖东北。清聂剑光《泰山道里记》称："为宋真宗驻跸处。"石梁曲折，流泉绕之，境颇幽绝
143	泰山风景名胜区	中天门景区	东岳庙	人文景源	二级	东岳庙民间俗称全神庙，始建年代无考，于近代维修重建，殿内供奉：东岳大帝、玉皇大帝、泰山奶奶、文财神、武财神、孔子、天官
144	泰山风景名胜区	中天门景区	朝阳洞	自然景源	二级	朝阳洞位于五松亭西北侧。为一天然石洞，洞门向阳，故名。洞深约3米，洞内原祀元君者像，可容20余人。洞外宽敞，古松挺秀，东临绝壁。壁上刻清乾隆《朝阳洞诗》碑，碑高20米，宽9米，字大1米见方，亦称清摩崖
145	泰山风景名胜区	南天门景区	对松绝奇	自然景源	二级	登泰山，过了中天门继续往上，有个朝阳洞，朝阳洞北，两峰对峙，两侧古松万株，层层叠叠。有一景点，名为对松山，又名万松山、松海
146	泰山风景名胜区	竹林寺景区	元始天尊庙	人文景源	二级	元始天尊庙又名骑子崖石庙，坐落于岱阴之西傲徕峰下。东西长26米，南北宽16.35米。明代创建，历代重修。新中国成立后顺圮。1988年重修，由元始天尊殿、卷棚、东西配殿与山门组成。无始天尊殿3间，面阔10.75米，进深7.3米，通高7.3米。条石成，冰盘式出檐，板瓦硬山拱形屋顶
147	泰山风景名胜区	桃花源景区	一线天（桃花峪）	自然景源	二级	泰山地质景观。在桃花源停车场西。两峰对峙，中间一线，人可从中穿过。它是断裂构造切割，风化剥蚀，流水搬运和重力崩塌等综合作用的产物，只见两壁峭壁刀削，脚下巨石累累，俯瞰脚下巨石累累，仰望上空仪见天如一线
148	泰山风景名胜区	玉泉寺景区	玉泉寺古银杏	自然景源	二级	泰山最早吸引眼球的银杏是玉泉寺大雄宝殿前的2株银杏。树龄已有1300多年，高达38米，胸围7.4米，荫地0.5亩。枝干粗壮，树叶繁茂，为泰山银杏之最
149	泰山风景名胜区	玉泉寺景区	千年板栗	自然景源	二级	此树位于山东省泰安市泰山千年板栗园泰山玉泉寺大殿西北处。树干北面开裂60厘米长、40厘米米深，南面1.3米处有一直径20厘米的孔洞，但生命力极强，生长时长生长在石缝中，虽然生长在石缝中，生长十分旺盛，年年开花结果
150	泰山风景名胜区	天烛峰景区	山呼门	人文景源	二级	山呼门又称望天门，此处两山夹道，为秦御道天然隘口，相传秦始皇登封泰山，群臣在此三呼万岁，俗称三呼门
151	泰山风景名胜区	天烛峰景区	小泰山（观景点）	自然景源	二级	泰山天烛峰景区内有座叫小泰山的山峰，与泰山极顶遥相呼应。没有任何人工开凿的痕迹，充满了自然的原生野趣，优美的自然风光可与泰山主峰媲美。最早知道小泰山是从天烛峰景区观景台石碑上看到的：于此东南向，峰顶奇石嶙峋，形肖神备，尤如天工造化，或人或物

序号	风景区名称	所属景区	景源名称	景源类别	级别	景源简介
152	泰山风景名胜区	南天门景区	古松园	自然景源	二级	古松园位于泰山东北坡上的黄花栈四周皆是古松，泰山古松经历了千百年风雨，一株株姿态各异，铁干铜枝，不摧不折，令人肃然起敬。古松园的古松与岱顶南侧的对松山木同，对松山古松可望而不可即，在这里人们却是茅行在松林中，人与松做近距离接触，彼此融为一体
153	泰山风景名胜区	南天门景区	尧观顶	自然景源	二级	在泰山的北天门有两座尧观顶，即东尧观顶和西尧观顶，传说远古时的尧帝曾来到这里，在尧观顶顶望日落，到西尧观顶看日出
154	泰山风景名胜区	南天门景区	碧霞元君墓	人文景源	二级	位于元君庙内，墓旁有一清朝雍正年间重建的"万古流芳"碑，其正文为"敕封天仙圣母碧霞元君故墓"。在元君墓的右后侧有另一石墓，为元君身边的灵兽白猿，坊间有"白猿献寿"的神话传说
155	泰山风景名胜区	南天门景区	透天门	人文景源	二级	透天门是岱顶石坞最为完整的明代建筑（建于1596年），是一处由21块石头组成拱形门，门宽1.35米，精巧中不乏质朴
156	泰山风景名胜区	南天门景区	乱石沟	自然景源	二级	石河位于岱顶石坞秦道下秦东，又名乱石沟，山沟中巨石嶙响，叠压压绵延数里，雨季时泉水石下流淌，只闻水声而不见水，沟谷中的乱石或是大力自然的如磋盘，小的若碾砣，或是由洪水或冰川短距离搬运形成
157	泰山风景名胜区	竹林寺景区	梅花冈	自然景源	二级	冯玉祥先生是中国现代史上与泰山渊源很深的一位名人。曾先后于1932年，1933年两次隐居泰山。在泰山上留下了许多值得纪念的历史遗迹，将军在隐居泰山期间，于普照寺东约300米的山冈上，捐资兴建了深州起义烈士祠，并亲自栽种蜡梅数百株，还在一块巨石上题写了"梅花冈"三个字
158	泰山风景名胜区	竹林寺景区	范明枢墓	人文景源	二级	墓室北面为正面，并立三通墓碑。中间一通镌刻"山东省议会参议范故长明板先生之墓"；左面一通镌林伯渠题词"革命老人永垂不朽"；右面一通镌谢觉哉题词"永远是人民的老师"。墓碑上还有范老简历历历碑文。墓为苍翠柏掩映，分外肃穆
159	泰山风景名胜区	红门景区	梳洗河	自然景源	二级	梳洗河是旅游名城泰安的七大河流之一，最早见之于《山海经》中，称之为环水，又名中溪，源于泰山中天门下
160	泰山风景名胜区	灵岩寺景区	方山积翠	自然景源	二级	远望方山，绝壁如削，其上长满苔藓，远看翠绿如茵，故又被称为积翠岩。红色的证盟殿犹如挂在翠绿的陡壁上。证盟殿上的碑文，因夏季多雨，岩壁长满苔藓，故又被称为积翠
161	泰山风景名胜区	灵岩寺景区	灵岩寺大佛山	自然景源	二级	灵岩大佛山，属泰山十二支脉之一。景区峰峦拱秀，花木扶疏，林木覆盖率高达95%，空气质量优良天数年均达330天以上，泉水终年不竭，是一个自然的"天然氧吧"
162	青岛崂山风景名胜区	太清景区	八仙墩	自然景源	特级	八仙墩位于王哥庄村东南，是崂山东部海岸的分界处。崂山头海拔16.2千米，海山头根部海岸石色绚丽多彩，海浪冲击形成的悬崖峭壁，并有数块高3~4米的巨石，传为神话中八仙渡海处

序号	风景区名称	所属景区	景源名称	景源类别	级别	景源简介
163	青岛崂山风景名胜区	华严景区	那罗延窟	自然景源	特级	那罗延窟位于那罗延山的北坡，是一处天然的花岗岩石洞，四面石壁光滑如削，地面平整如刮。石壁上方凸出一方薄石，形状极似佛龛。洞顶部有一浑圆的洞孔直通天空，白天阴光透入洞内，使洞中显得十分明亮。
164	青岛崂山风景名胜区	巨峰景区	崂山云海	自然景源	一级	崂山特殊的气象环境，造就了奇妙的云容气貌，云雾和水汽常常形成千姿百态的迷人景观，置身其中，如同仙人一般腾云驾雾。
165	青岛崂山风景名胜区	太清景区	太清水月	自然景源	一级	独特的地理位置优势造就了天然的赏月利好因素。就连清朝的著名才子刘墉在游历太清宫时，看到一轮明月从海中升起，也曾感叹其意境非凡，写下了"太清水月"四个大字，从此大清的月景便有了"大清水月"的美誉，并被收入崂山十二景，流传至今。
166	青岛崂山风景名胜区	太清景区	明霞散绮	自然景源	一级	从太清宫北上，行3千米左右，在竹树葱茏、绿荫掩映中便是明霞洞。这里背倚石峰耸立，山高林密，前望群岫下伏，哨壑深邃，每当朝晖夕阴，霞光变幻无穷，因而被列为崂山十二景之一，称明霞散绮。
167	青岛崂山风景名胜区	巨峰景区	巨峰旭照	自然景源	一级	巨峰旭照，巨峰是崂山主峰，俗称崂顶，位于崂山中部群峰之中，海拔1132.7米。"云海奇观""旭照奇观""彩球奇观"是巨峰景物中的三大奇观。
168	青岛崂山风景名胜区	巨峰景区	五指峰	自然景源	一级	巨峰景西北面有一列东西排列的山峰。五座山峰依次高低错落，远方望去就像一只展开五指的巨手，直插青天，故名五指峰。
169	青岛崂山风景名胜区	巨峰景区	一线天	自然景源	一级	"名山奇观又一景"，两侧哨壁一线天，说的是一线天。一线天是巨峰身前一处两壁相同，宽约2米，高约40米，纵深约30米的狭长石缝。
170	青岛崂山风景名胜区	巨峰景区	自然碑	自然景源	一级	自然碑位于高崮之南，是攀登巨龟登上顶必经之处。自然碑是崛起于山半的一块巨石，宽约7米，高约40米，顶端前突如碑盖，碑面平削，上望时，见此石傲然矗立在苍翠的群峰层层中，俨然是一座巨碑，堪称鬼斧神工，是崂山的名石之一。
171	青岛崂山风景名胜区	巨峰景区	比高崮	自然景源	一级	从崂山南麓登巨峰，海拔1077米，是巨峰南侧山峰中最高的一座，从山下仰望，即达比高崮，比高崮。
172	青岛崂山风景名胜区	华严景区	天茶顶	自然景源	一级	天茶顶海拔981米，三面皆陡壁，只一面有险道可攀，因少有人至。峰顶周围原始风貌保持较好，被传为是崂山最美的悬崖东坡中曾经生长着一棵野山茶树，所以得名。
173	青岛崂山风景名胜区	九水景区	潮音瀑	自然景源	一级	潮音瀑是内九水的尽处，四面峭壁环绕，东南面岩石裂开如门。瀑布从中三折泻下。第一折西向，流长约6米，下注鼓状的石槽中。二折西北向，流长约5米，下注椭圆形之石缸内。三折南向，西南向，下注直径20多米的池潭中，水色靛蓝，深难见底，故名缸口。瀑布顶泻时，急流掠石，迸珠溅玉，如扬起层层鳞花，似场起片片碎玉，故此瀑布古称为鱼鳞瀑或玉鳞瀑，但其声如潮涌澎湃，又名潮音瀑。

序号	风景区名称	所属景区	景源名称	景源类别	级别	景源简介
174	青岛崂山风景名胜区	太清景区	龙潭瀑	自然景源	一级	龙潭瀑又称玉龙瀑,在崂山南部八水河中游,北距上清宫约1千米。龙潭瀑水源自崂山南麓的8条溪流汇成的八水河。瀑水在空中被山风撕碎,形成豪豪细雨,落下潭中激起满谷水雾,就像置身雨中,故有"龙潭喷雨"之称,是著名的崂山十二景之一
175	青岛崂山风景名胜区	北宅景区	三标山	自然景源	一级	三标山位于王哥庄村西北6.2千米,南北走向,主峰海拔683米,为崂山第二高峰。主要植被为黑松、刺槐等,植被覆盖率约30%。该山三座山峰挺拔耸立,南北中一字并列,远望形似三个棱镖,故名
176	青岛崂山风景名胜区	仰口景区	太平宫	人文景源	一级	始建于未初建隆元年(960),是宋太祖为刘若拙敕建的道场,又名太平兴国院。经历多次重修,为崂山最古老的道观之一。"品"字形二进式院落,硬山式建筑,正殿建于后院,前院分为东、西两院。西院有眠龙石、涎龙泉、仙人洞,东院钟亭前面是一座小花园,院内生有百年古树
177	青岛崂山风景名胜区	仰口景区	白云洞	人文景源	一级	白云洞位于崂山山区王哥庄街道华楼村西冒岭山,洞因常年白云缭绕而得名。洞右是庙宇,内祀玉皇和三清。清代乾隆(35)重修,1935年后进入鼎盛时期,有道士40余人,房间70余间,土地700多亩,山岚2000余亩,1939年,日军入侵白云洞,杀死道士4人,雇工2人
178	青岛崂山风景名胜区	太清景区	太清宫	人文景源	一级	崂山下清宫,又称下清宫,北国小江南,神仙之府,俗称下宫。始建于西汉建元元年(公元前140年),后屡加修建,现存建筑均为明万历二十八年(1600)重修后规模格局遗存,为中国崂山道教祖庭,道教全真道支派随山派祖庭
179	青岛崂山风景名胜区	华严景区	华严寺	人文景源	一级	创建于清顺治九年(1652),原为华延庵,又名华严禅寺。庙宇分为四进阶梯式院落,依山而建,每近益高。共有70间房舍,建筑面积1380平方米,整个寺庙古朴典雅。寺前有一塔院,院内有三座塔,中间砖塔为第一代住持慈沾大师藏骨塔,两座小塔分别为蟪蟪拳创始人干七(法号善和)与住持善和的同叙塔
180	青岛崂山风景名胜区	流清景区	流清洞	自然景源	一级	流清河发源于崂山巨峰的菊坡,上游为黑冲涧,公司洞为黑冲流,中游称夹连河,长约2千米,河平均宽15米,潭湾相连,流水深不足尺,水甘可饮,如今全将军槽西侧筑坝蓄水,名为流清河水库
181	青岛崂山风景名胜区	流清景区	天门洞	自然景源	一级	位于沙子口村东9.5千米处,在南天门西南方,因靠近南天门,故名
182	青岛崂山风景名胜区	太清景区	天门峰	自然景源	一级	天门峰位于石门山南麓,流清河风景区内,又名云门峰,俗称南天门。崂山叫南天门的地方有三处,一处在华楼宫的南边,而天门峰的南天门是崂山南天门的最高
183	青岛崂山风景名胜区	华楼景区	石门峰	自然景源	一级	石门山属于崂山石门山西南,在华楼山南,海拔570米。石门山位于青岛市城阳区夏庄西北约35千米。石门山四大支脉之一。石门山的山间有两块大石头,像大门一样,所以起名石门山,也是崂山主峰东崂山支脉,山势险峻,不宜攀登,自古以来,以"奇""险""绝"著称,当地人称为"捅破天"

序号	风景区名称	所属景区	景源名称	景源类别	级别	景源简介
184	青岛崂山风景名胜区	石老人风景区	石老人礁岩	自然景源	一级	石老人是中国基岩海岸典型的海蚀柱景观，位于青岛市崂山区石老人国家旅游度假区在石老人村西侧海域的黄金地带。距岸百米海处有一座17米高的石柱，形如老人坐在碧波之中，人称"石老人"。千百万年的风浪冲击，使崂山脚下的基岩海岸不断崩塌后退，并研磨成细沙沉积在平缓的大江口海湾，唯独石老人这块坚固的石柱残留下来，乃成今日之形状
185	青岛崂山风景名胜区	石老人风景区	石老人海水浴场	自然景源	一级	石老人海水浴场位于崂山区海尔路南端，是青岛市区最大的海水浴场，是青岛人国家旅游度假区"石老人"的一部分。石老人海水浴场因东端中巨石"石老人"得名。青岛市，风浪比较大，可谓无风三尺浪。改造后的海水浴场由滨海步行道、滩平沙细，水清坡缓。海湾内水清浪平。改庆海滩、运动海滩、高级会员海滩等4个高费穿沙始终，并以此为主线串起度假沙滩活动区域
186	青岛崂山风景名胜区	市南海滨风景区	第一海水浴场	自然景源	一级	青岛第一海水浴场位于汇泉湾畔，拥有长580米、宽40余米的沙滩，曾是亚洲最大的海水浴场。这里三面环山，绿树葱茏，现代的高层建筑与传统的别墅建筑巧妙地结合在一起，景色非常秀丽。海湾内水清波平，滩平坡缓、沙质细软，作为海水浴场，自然条件极为优越
187	青岛崂山风景名胜区	市南海滨风景区	中山公园	人文景源	一级	青岛中山公园位于市南区文登路28号，公园三面环山，南向大海。园内林木繁茂，枝叶葳蕤，是青岛市区植被景观最有特色的风景区。公园东临太平山，与青岛植物园相接；北靠青岛动物园、青岛榉林公园，西依百花苑种植百种林木与公园的四时同时花木连为一体，树海茫茫
188	青岛崂山风景名胜区	市南海滨风景区	小青岛公园	人文景源	一级	小青岛公园，山东省青岛市青岛滨风景区内，位于胶州湾海入青岛湾内，占地面积2.47平方千米。因岛上林木常青，遂称青岛；岛形如琴，水如弦，风吹波涛如琴声，又称琴岛
189	青岛崂山风景名胜区	市南海滨风景区	小青岛灯塔	人文景源	一级	小青岛灯塔位于胶州湾口的青岛湾内小青岛上。该灯塔始建于清光绪二十六年（1900），塔高自基至顶为三支五尺。灯高距水面约七丈八尺，射程12海里。1915年7月重建为白色八角形石塔，该灯塔塔身为八角形，用白色大理石构筑，分上下两层，是船舶进出胶州湾的重要助航标志
190	青岛崂山风景名胜区	市南海滨风景区	栈桥及回澜阁	人文景源	一级	青岛栈桥是青岛海滨风景区青岛湾的景点之一，位于青岛市中山路南端。桥身从海岸探入弯曲的青岛湾中部。栈桥全长440米，宽8米，钢混结构。桥南端筑半圆形防波堤，堤内建有民族式样的两层八角楼，名"回澜阁"，游人"立阁内"，欣赏波层巨浪涌来，被誉为青岛十景之一。辟为"栈桥公园"，园内花木扶疏，青松碧草，并设有石椅供游人憩坐，观赏海天景色

附录 山东省国家级风景名胜区重要景源一览表

序号	风景区名称	所属景区	景源名称	景源类别	级别	景源简介
191	青岛崂山风景名胜区	市南海滨风景区	八大关近代建筑	人文景源	一级	青岛八大关景区位于山东省青岛市太平角汇泉东部，是我国著名的风景疗养区，面积70余公顷，十条幽静清凉的大路纵横其间，其主要大路因以我国八大著名关隘命名，故统称为八大关。同时，八大关汇聚众多以各国风格建筑的别墅区，集中表现了俄式、英式、法式、美式、德式、丹麦式、希腊式、西班牙式、瑞士式、日本式等20多个国家的建筑风格。因而，也有"万国建筑博览会"之称
192	青岛崂山风景名胜区	市南海滨风景区	青岛山炮台遗址	人文景源	一级	青岛山炮台遗址，系侵华德军1899年所建。由南、北炮台和德军"青岛要塞"地下中心指挥部所组成，是侵青德军的九大永久性炮台之一，是德军总指挥部所在地，曾被德军视之为"青岛炮台之最重要者"
193	青岛崂山风景名胜区	薛家岛风景区	金沙滩	自然景源	一级	青岛金沙滩位于山东半岛南端黄海之滨，青岛市黄岛区（青岛开发区）凤凰岛南麓黄海，呈月牙形东西伸展，全长3500多米，宽300米。金沙滩水清滩平，沙细如金，色泽如金，海水湛蓝，水天一色，故名金沙滩。金沙滩是中国沙滩中沙质最细，面积最大，最美的沙滩之一，被喜爱它的人们冠以"亚洲第一滩"的美称
194	青岛崂山风景名胜区	薛家岛风景区	银沙滩	自然景源	一级	青岛银沙滩位于青岛经济技术开发区省级风凰岛旅游度假区西南侧，与国家4A景金沙滩为姊妹滩，全长2000余米，呈月牙形状，东西伸展，水清滩平，是天然的海水浴场。因沙质细腻均匀，太阳下银光四射，宛若镶嵌在蓝色丝绸上的银盘，故名银沙滩。银沙滩南濒黄海，背靠黑松林，大海、阳光、松林、沙滩，动静结合，交相辉映，乃绝佳的休闲度假天堂
195	青岛崂山风景名胜区	太清景区	汉柏凌霄	自然景源	一级	相柏科圆柏属，树龄2150余年，相传为太清宫开山始祖西汉张廉夫手植，故称汉柏。古柏中空，主干北侧寄生凌霄盘曲而上，树龄亦百余年，又称古柏盘龙
196	青岛崂山风景名胜区	华楼景区	华楼峰	自然景源	一级	华楼山位于北宅街科村西北3.5千米，蓝家庄西，海拔408米，南北走向面积1.0平方千米，主要植被为板栗、黑松、赤阳、石竹子。华楼峰是矗立山顶东部的一座方形石峰，高30余米，由一层层岩石组成，宛如一座叠立华楼叠立晴空，故称华楼，又名异石楼。在崂山十二景中称华楼叠石。据民间传说：当年八仙过海经过此地时，又名又称华楼峰，便登上华楼峰。所以，不少文人雅士也称这里为"聚仙台"。又传说向仙始曾在"楼"上梳洗打扮过，当地人更喜叫它梳洗楼
197	青岛崂山风景名胜区	九水景区	太和观	人文景源	一级	太和观又名北九水庙，九水庙，道教宫观，位于崂山区北宅街道北九水景区。面积不大，太和观处北九水北岸，为内外九水之分界处，它东依绿树青山，南临翠竹流水，西有仙古洞、北太子洞。明代天顺八年和清代乾隆年间皆重修过
198	青岛崂山风景名胜区	仰口景区	狮岭横云	自然景源	一级	狮子峰在太平宫东北，几块巨石相叠，几名石老猿峰，竖看成岭，侧看成峰，状若雄狮，雾中、海风吹来，白云苍狗，翻若弱鸿，在阳光的照射下，横卧在苍云雾中
199	青岛崂山风景名胜区	华楼景区	石门岭	自然景源	二级	石门岭属于华楼峰风景游览区，白云苍岩景色，内虽无高大山体，但峰峦怪石、岩石幽壑、洞窟醴泉无不具备

序号	风景区名称	所属景区	景源名称	景源类别	级别	景源简介
200	青岛崂山风景名胜区	巨峰景区	巨峰	自然景源	二级	巨峰位于沙子口村东北10.2千米，主峰海拔1132.7米，面积1.5平方千米，主要植被为落叶松、赤松、油松、水榆、赤杨、水榆等，植被覆盖率约30%。为崂山最高峰，因崂山群峰之首，故名巨峰，又名崂山顶巅，又名崂顶
201	青岛崂山风景名胜区	巨峰景区	灵旗峰	自然景源	二级	灵旗峰又名仙台峰，位于巨峰东南，秀削而薄，如旗展开，故名。又因山顶有三小峰东西排列，俗名三层崮子。蓝本《崂山古今谈》记为："灵旗峰，又名仙台峰，位居巨峰左侧，其高仅次于巨峰。"
202	青岛崂山风景名胜区	太清景区	崂山头	自然景源	二级	半岛尖端即为崂山头，海拔242.1米，陡峭嵯峨，嵯峨险峻，峰头直插入海，顶部遍植黑松，东坡临海的峭岩上，生有两株耐冬，传为张三丰道士所植，因此是崂山最东的山头，故名
203	青岛崂山风景名胜区	太清景区	钓鱼台	自然景源	二级	沿太清宫前海边小路东行1千米处，群礁迭起，礁石中有一如台之巨石，伸入海中，三面临海，高出海滩约1米，面积约80平方米，名为钓鱼台
204	青岛崂山风景名胜区	华严景区	棋盘石	自然景源	二级	棋盘石位于明道观东南约500米，是一座峰上之峰。顶部微隆却又平坦，可以容五六十人。相传此处是"仙人"下棋的地方，故俗称棋盘石
205	青岛崂山风景名胜区	仰口景区	觅天洞	自然景源	二级	觅天洞是一处风景区，洞由两侧高70余米峭壁夹缝中的多块巨石叠摞而成，自上而下共有10层，盘旋曲折，离奇险怪
206	青岛崂山风景名胜区	仰口景区	狮子峰	自然景源	二级	青崂山上，与绮号相邻的一座山峰，犹如一只强悍威猛的雄狮傲视沧海，因而被称为狮子峰
207	青岛崂山风景名胜区	仰口景区	中心崮	自然景源	二级	中心崮位于仰口风景游览区仰口景区的东北部，是崂山坐山观海最美的景区。岚光雾气中群峰峭拔，翠竹青松里掩映着"海上宫殿"太平宫；关帝庙置身苍松山椒间，前临洞水，襟临翠竹
208	青岛崂山风景名胜区	仰口景区	擎天柱	自然景源	二级	位于巨峰正北，形如擎天柱，高数十丈
209	青岛崂山风景名胜区	九水景区	锦帆峰	自然景源	二级	锦帆峰名曰"水浅能见底，行舟也扬帆"。这个巨大的峭壁，像船上高高挂起的一面风帆，所以叫锦帆嶂，也称锦帆溢彩
210	青岛崂山风景名胜区	北宅景区	二标山	自然景源	二级	二标山位于王哥庄西北6.2千米，南北走向，主峰海拔650米，面积0.2平方千米，主要植被有黑松、刺槐等，又名塔儿山，又名其第二峰，故名
211	青岛崂山风景名胜区	北宅景区	大标山	自然景源	二级	大标山位于王哥庄西北6.2千米，南北走向，主峰海拔660米，面积0.4平方千米，主要植被有黑松、刺槐等，又名对儿山，名称含又与三标山同，故名其第一峰，故名
212	青岛崂山风景名胜区	巨峰景区	原泉	自然景源	二级	天乙泉，又名原泉，是崂山山泉中海拔最高的一口水泉，俗话说："山有多高，水有多长。"在此处完美体现。前面提到"天一生水"的易理

序号	风景区名称	所属景区	景源名称	景源类别	级别	景源简介
213	青岛崂山风景名胜区	九水景区	飞龙瀑	自然景源	二级	飞龙瀑，又称太子瀑。位于青岛崂山外九水河东村南北九水太子洞的尽头。太子洞口大肚小，越往里走越狭窄，两侧山崖壁陡嵯峨峥嵘，奇石险峰耸立峭峻。一块块青色的花岗石被大自然雕琢成奇形怪状，布满山谷。山路就在这些山石中穿行。山路在山洞里绕过一个大孤后通到一处峭壁前，两侧山崖在这里急速收拢，像是一个束扎口的大布袋
214	青岛崂山风景名胜区	登瀛景区	石门洞	自然景源	二级	位于青岛沙子口村东北9.5千米处，在凉水河上游。因洞北半列两巨石，形如门扉，故名
215	青岛崂山风景名胜区	太清景区	上清宫	人文景源	二级	系元太祖令华盖真人刘若拙敕建的道场，历史上经过多次重修。宫观呈长方形，前后两进院落，前院无建筑殿堂，有百年玉兰2株；后院有正殿三间，东西偏殿3间，为单檐硬山式砖木结构，共有房屋28间，占地面积1000平方米
216	青岛崂山风景名胜区	太清景区	明霞洞	人文景源	二级	现存明霞洞洞体，斗母宫等院落，占地约2000平方米，有房屋32间，均为砖木结构硬山式建筑，另有摩崖石刻多处。明霞洞是由巨石崩落叠累而成，洞高约2米，洞内面积约10平方米，洞额上镌有"明霞洞"3字。明霞洞建于明万历十七年（1589），现存为近现代按原样重建。正殿内壁嵌碑记两块
217	青岛崂山风景名胜区	九水景区	蔚竹庵	人文景源	二级	建于明万历十七年（1589），建筑为石木结构，长方形院落，分前后两进，正殿3间，东西配殿6间，道舍10余间。正殿内有百年树龄的白丁香一株，大安柏木（1211）7字。整个道庵占地2.6亩，建筑面积150余平方米，院内有百年树龄的白丁香一株、耐冬一株
218	青岛崂山风景名胜区	华楼景区	华楼宫	人文景源	二级	华楼宫，又名碧落岩，灵峰道院。四面群山环绕，为道教全真道华山派道观。华楼山巅，东南三面皆临深堑，后屡经兴衰，现存建筑均为明清时期重修重建遗存
219	青岛崂山风景名胜区	华严景区	明道观	人文景源	二级	又名棋盘石。位于崂山区王哥庄街道办事处招风岭处，地处崂山北宅街道北宅畢家村西，始建于元泰定二年（1325）。清代康熙五十三年（1714）。汶庵建于海拔600多米处。在华严寺西2.5千米，创建于清分两院，东院祀玉皇，西院祀王灵；为崂山庙宇中居地最高者，土地180亩，建观鼎盛时有道士18人。新中国成立时，有道士5人。"文化大革命"初期，庙内日军放火烧毁，后逐步修复，房屋全部砍掉焚烧，文物经卷，之神像、经卷、文物全部砍掉焚烧，房屋由崂山林场使用
220	青岛崂山风景名胜区	仰口景区	仰口湾	自然景源	二级	位于北纬36°16′，东经120°40′，在王哥庄村南4.5千米，鹰固山东麓。南起泉岭角，北至华楼山角，形成一弯月形海湾，南北长2.2千米，面积为2.6平方千米，水深2～6米。泥沙底。湾内有防波堤式码头一座，长319.5米，宽11米
221	青岛崂山风景名胜区	华楼景区	崂山水库	自然景源	二级	又名月子口水库。位于崂山北，海拔55米。东西走向，为崂山第一大水库。面积5平方千米，水库容量5600万平方米，库容最大水深24.5米。大坝位于水库西部，高26米，长672米，顶宽6米。水色湖蓝色。四周群山环绕
222	青岛崂山风景名胜区	北宅景区	百福庵	人文景源	二级	百福庵又名百佛庵。位于崂山城阳区惜福镇院后村东，创建于宋代官和年间（1119-1129）。该庵为崂山古老道观之一。初创时建四座院，名百佛庵。清初改奉道教，信奉佛教，属马山龙门派，文物管理部门为青岛市文物保护单位。前院建倒座殿，中殿祀三官，内祀菩萨，后院改为玉皇殿

序号	风景区名称	所属景区	景源名称	景源类别	级别	景源简介
223	青岛崂山风景名胜区	太清景区	试金石湾	自然景源	二级	位于北纬39°08′，东经120°41′，在王哥庄村东南15千米、崂山头北侧的晒钱石至三面顶之间。海湾南北长约1.5千米，宽0.5千米，面积约0.75平方千米，水深8米，可停泊渔船
224	青岛崂山风景名胜区	北宅景区	企鹅峰	自然景源	二级	企鹅峰属于较新景点，位于北九水北部。最佳观赏角度藏于深山。现在已有较清晰小路通往最佳观赏点，与仙人胸印相邻。石高50余米，酷似南极企鹅憨态可掬
225	青岛崂山风景名胜区	巨峰景区	柱后崮	自然景源	二级	柱后崮位于巨峰正北，形如擎天柱，高数十丈，故名。峰后峭壁下有一洞，名"龙穿洞"，传为奇观。由此再北为龙泉山，丈老崮（又名丹炉峰）。远望剑峰千仞，群山巍峨，景象粗犷壮丽
226	青岛崂山风景名胜区	巨峰景区	度女峰	自然景源	二级	位于巨峰西北，山峰秀丽而润泽有光，山峰篝峯、云纱遮面、雾带回绕，仪态万千，酷似一亭亭玉立的美女虔诚朝拜，故名。1986年，全国政协副主席邓颖超应青岛市妇联之请为该峰题名为度女峰
227	青岛崂山风景名胜区	太清景区	天门岭	自然景源	二级	天门岭为崂山南麓山脉，天门峰又名云门峰，俗称南天门。天门峰为高而尖的山头，二者指代不同
228	青岛崂山风景名胜区	登瀛景区	茶洞	自然景源	二级	位于沙子口村东8千米处，在迷魂洞之北。因洞中生长崂山野茶，故名
229	青岛崂山风景名胜区	登瀛景区	石屋洞	自然景源	二级	位于王哥庄村西6千米处，在马鞍山东北侧。因洞内有石砌的小屋，故名
230	青岛崂山风景名胜区	巨峰景区	长洞	自然景源	二级	位于王李村北5千米处，在卧狼崮山东麓。因洞东为长洞村，故名
231	青岛崂山风景名胜区	华严景区	泉心河北合	自然景源	二级	泉心河又称旋心河，是位于王哥庄村南8.5千米的一条河流。发源于巨峰的东南石山南和北坡，东流注入黄海，流程5.4千米，流域面积12.5平方千米，是青岛市区第一大河。因该河由中下游建有泉心河水库，性清流，水质甘冽，故名
232	青岛崂山风景名胜区	石老人风景区	岸线礁岩	自然景源	二级	礁盘是由造礁珊瑚和其他生物的碳酸钙骨骸堆积在一起，形成巨大的礁体，露出水面。在海岸线处形成礁谷景观
233	青岛崂山风景名胜区	市南海滨风景区	太平山	自然景源	二级	太平山原称会山，海拔150余米，是青岛市区第一高峰。德占时期，称其"伊尔梯斯山"，建有炮台，日占后改称"旭山"，中国政府收回青岛后定名"太平山"。山石嶙峋，起伏蜿蜒。向西延伸至青岛山、八关山及小鱼山，向东伸展为湛山。弧形的山势伸展天然形成适于动植物生长的生态环境。德国占领青岛期间，始在此山内植树造林，并从世界各地引进各种名贵树木和花卉，辟建植物试验场。此后山南麓被辟为公园
234	青岛崂山风景名胜区	市南海滨风景区	第六海水浴场	自然景源	二级	青岛第六海水浴场位于前海栈桥之西的第六海水浴场，又称栈桥海水浴场。此处海岸线是青岛最美的地方之一。既有栈桥这样闻名的景点，也有现代风格的高楼大厦，这里风情不一的元素随着大海的弯曲变化，丰富着青城市的想象

序号	风景区名称	所属景区	景源名称	景源类别	级别	景源简介
235	青岛崂山风景名胜区	市南海滨风景区	第二海水浴场	自然景源	二级	青岛第二海水浴场是与八大关别墅区相邻的一处沙滩浴场，面积小于第一海水浴场。夏季辟为内部专用浴场，采取封闭式管理，其他季节均可自由出入。因地处太平湾，又称太平角海水浴场
236	青岛崂山风景名胜区	市南海滨风景区	第三海水浴场	自然景源	二级	第三海水浴场也叫太平角浴场，位于太平角东侧，湛山湾畔，规模虽不大，但海水却异常清澈
237	青岛崂山风景名胜区	市南海滨风景区	太平角	自然景源	二级	太平角分为5个小岬角和5个小湾。海岬之街接连处有樱形礁岩，形成一个个海滩，其中有在别处难得一见的蓝色砾石。此角适宜鱼类栖息，故此地为垂钓之绝好去处。站立这礁之上游客会产生"天涯海角"之感觉
238	青岛崂山风景名胜区	市南海滨风景区	青岛湾	自然景源	二级	青岛湾景区位于青岛市区西南端，西起团岛，东至小青岛，北接青岛老市区中心，南连胶州湾湾口，是以天然海湾青岛湾为中心，由众多名胜组合而成的海滨风景游览区，也是青岛海滨风景线上最重要的一处风景游览区
239	青岛崂山风景名胜区	市南海滨风景区	汇泉湾	自然景源	二级	汇泉湾景区景色秀丽，甲子岛城。主要景点有鲁迅公园、小鱼山公园、青岛水族馆，汇泉海水浴场和汇泉广场。每到夏天，来青岛避暑观光的游人和市民便涌入汇泉湾，尽情享受大自然海滨风景线上的赞赐和生活的快乐
240	青岛崂山风景名胜区	市南海滨风景区	太平湾	自然景源	二级	太平湾公园位于山东省青岛市中山公园的南面，在汇泉湾的东侧。这里有无数的西洋建筑，它们古朴典雅，很完整地保留了殖民地时期的建筑风貌。那些古老的道路和建筑充满异国情调，随意走在某个街道，好像走向不知身在何处的感慨。因为人集中德，法，英，美，西班牙等24个国家的不同建筑风格，因此这里和上海外滩一样有"万国建筑博览会"的称号
241	青岛崂山风景名胜区	市南海滨风景区	鲁迅公园	人文景源	二级	青岛鲁迅公园位于莱阳路之南，西邻汇泉海水浴场，北侧有景色秀丽的小鱼山公园。南侧为碧波荡漾的汇泉湾。公园沿狭长基岩海岸西伸展，长约2千米，占地面积为4万余平方米。红礁、碧浪、青松、幽径、亭榭透迤多姿、淡雅清新，景色十分迷人
242	青岛崂山风景名胜区	市南海滨风景区	小鱼山公园	人文景源	二级	小鱼山公园海拔60米，面积2.5公顷，绿地面积2.1公顷，绿地率84%。山虽不高却能远眺。登山俯瞰，栈桥、小青岛、鲁迅公园、海水浴场、八大关景观尽收眼底；山虽不大却地处市区而颇显奏出，为游人视线所瞩。整个小鱼山公园的建筑设计围绕"海"的主题，突出了"鱼"的图案造型
243	青岛崂山风景名胜区	市南海滨风景区	百花苑	人文景源	二级	百花苑是青岛首座规模较大的纪念性园林。园内地势错落起伏，道路迂回曲折，绿树成荫。芳草遍地。一派"小桥、流水、人家"的田园风光。一座座名人雕像错落有致地分布在其中，或坐、或立、或悦安祥，棚棚如生，增添了许多文化气息，是人文景观与自然景观相辉映的园林精品

序号	风景区名称	所属景区	景源名称	景源类别	级别	景源简介
244	青岛崂山风景名胜区	市南海滨风景区	伊尔蒂斯东炮台旧址	人文景源	二级	位于香港西路2号，占地面积65932平方米，有兵舍、官舍各两栋，平房20栋。总建筑面积约6000平方米，砖石木结构，为德国军官米韵上尉设计。坐北朝南。地上二层，地下一层，中轴线式布局，中部和两翼凸出。花岗石砌基，清水勾缝粉饰，大斜坡屋顶，属南欧式建筑风格
245	青岛崂山风景名胜区	市南海滨风景区	水族馆	人文景源	二级	青岛水族馆地处青岛鲁迅公园中心位置，依山傍海，景色宜人，东接青岛第一海水浴场和汇泉广场，西临青岛海军博物馆和小青岛，北靠小鱼山、金色的沙滩、赭色的礁石、红瓦绿树、碧海蓝天、山、海，城有机融为一体，为米青观光旅游者必到之处
246	青岛崂山风景名胜区	市南海滨风景区	康有为故居	人文景源	二级	康有为故居位于福山支路5号，南依汇泉湾，比邻小鱼山公园，环境清幽。1923年康有为购买此房作为寓所。因为清末代皇帝溥仪曾赠康有为堂名"天游堂"，故康有为将此宅取名为"天游园"
247	青岛崂山风景名胜区	市南海滨风景区	奥帆中心	人文景源	二级	青岛奥帆中心位于青岛市浮山湾畔，与青岛市标志性景点——五四广场近海相望。总占地面积约45公顷，是2008年北京第29届奥运会奥帆赛和第13届残奥会帆船比赛举办场地，奥帆中心景区依山面海，景色宜人，是全国唯一国家滨海旅游休闲示范区
248	青岛崂山风景名胜区	薛家岛风景区	石雀滩	自然景源	二级	石雀滩位于凤凰岛旅游度假区东南，濒临黄海、金沙滩以西，银沙滩以东，全长2000余米。在一片高坡土地低处，呈月牙形东西展开，以石雀嘴故称。石雀滩天然奇特，滩、石、水、松连成片，其东部的石雀嘴，是一个伸向黄海0.5千米的岬角，俗称凤凰头，其上有一奇石，状似雀
249	青岛崂山风景名胜区	九水景区	冷翠峡	自然景源	二级	南边这条峡谷叫冷翠峡，也叫冷翠谷。峡谷向南延伸很远，多水季节，水从谷里流出来。因这里碧水自美，天生丽人毛泽东天然雕像依山就势，敝风吹成水雾，所以也称清风洒翠
250	青岛崂山风景名胜区	北宅景区	毛公山	自然景源	二级	山临碧水景自美，天生伟人毛泽东天然雕像依山就势，虎踞丹崖，云拥浪托，由蓬峰社区大山下的"革命道路"向东南顺势而上，到顶部即可看见人们敬仰的自然景观——伟人远眺，同时湖光山色、江天蜃响崂山水库也会涌入眼帘，一览无余
251	青岛崂山风景名胜区	华严景区	塔院	人文景源	二级	塔院始建于清康熙年间，院内三座塔，中间高塔为华严寺。首任方丈慈沾大和尚的藏骨处，左右两座石塔分别为善和住持以西为塔林现存历代住持的石塔10余座，大同塔遗址一处
252	蓬莱半岛海滨风景区	蓬莱阁	蓬莱阁古建筑群	人文景源	特级	蓬莱阁古建筑群坐落丹崖山巅，创建于北宋嘉祐六年（1061）为我国古代四大名楼之一。蓬莱阁古建筑群依山就势，沿青峰社区大山下城阳区借福镇街道东南，因此处发三清殿、弥陀寺等6个单体和附属建筑共组成规模宏大的古建筑群，天后宫、龙王宫、吕祖殿、占地32800平方米
253	胶东半岛海滨风景区	刘公岛景区	听涛崖	自然景源	一级	在刘公岛的北坡有一处山崖，背依青山，面临大海，山上苍松葱葱，郁郁葱葱，松下是崖绝壁，陡峭险峻。每当大风来临，惊涛拍岸，似雷霆万钧，如万马奔腾，山下息松涛声与海声融为一体，摄人魂魄，故名听涛崖

序号	风景区名称	所属景区	景源名称	景源类别	级别	景源简介
254	胶东半岛海滨风景名胜区	刘公岛景区	板疆石	自然景源	一级	位于刘公岛北坡，旗顶山路北，板疆岩是由数块顺坡而下、直抵海水中的天然大石板，形似生姜连接在一起。石板光洁平整，胜过人工刀削斧凿，此处背依青山，面对碧海。因板疆岩名板疆石。后演称为板疆岩延伸入水，高低如阶梯，便于攀引，成为天然码头。
255	胶东半岛海滨风景名胜区	刘公岛景区	五花石	自然景源	一级	在刘公岛山后，环山路傍悬崖下。有数条彩色的石线直抵海底，经过水浸浪溅，红、黄、白、黑等不同色彩，相互交映，在蓝天下，碧水相映显得格外壮观。
256	胶东半岛海滨风景名胜区	刘公岛景区	黄岛炮台	人文景源	一级	黄岛位于刘公岛最西端，原是一座孤立小岛，距离威海最近，只有1.6千米。潮落可涉海而至。1888年北洋护军进驻刘公岛，因战备需要，填岛筑路，修筑炮台，黄岛炮台设计建造十分严谨，科学而实用。炮台、地下坑道、兵舍、弹药库相互连通，目前炮基尚在，地道完好。
257	胶东半岛海滨风景名胜区	刘公岛景区	水师学堂	人文景源	一级	水师学堂位于刘公岛西端南坡，北侧为公所后炮台，西侧紧邻杯井子船坞，南侧与机械局相接。东侧约150米为丁汝昌寓所。始建于清光绪十六年（1890），共建房屋63间，占地面积1.8公顷。甲午战争后，学堂毁于北洋战火。1988年被国务院列为全国重点文物保护单位。
258	胶东半岛海滨风景名胜区	刘公岛景区	北洋海军将士纪念馆	人文景源	一级	位于丁汝昌纪念馆西院。始建于1888年，占地3000多平方米，为丁汝昌寓所。1998年5月，将丁汝昌寓所的西院辟为北洋海军将士纪念馆。该馆以珍贵的文物、图片及影影资料展示了北洋海军将士的爱国事迹。同时，修建了北洋海军将士名录墙。
259	胶东半岛海滨风景名胜区	刘公岛景区	丁汝昌寓所	人文景源	一级	丁汝昌寓所原为丁汝昌公所，位于威海市刘公岛北洋海军提督署西200米的向阳坡上。始建于1888年，北洋海军成军后，丁汝昌携家春进居刘公岛，在此居住达6年之久。该建筑为砖木砖木结构，由左、中、右三套院落组成，皆为岛上停筑，占地约15000平方米。
260	胶东半岛海滨风景名胜区	刘公岛景区	龙王庙及戏台	人文景源	一级	龙王庙位于刘公岛北洋海军提督署东约100米。始建于明代，清代后期，北洋海军时期曾重修。整个建筑古朴典雅呈四合院状，前后殿、东西厢房均为举架木砖结构。甲午战前，凡过往船只要在岛上停靠，皆来此抢香祈福，北洋海军也信奉龙王，一时香火旺盛。
261	胶东半岛海滨风景名胜区	刘公岛景区	北洋海军提督署	人文景源	一级	北洋海军提督署位于刘公岛南岸中西部，又称水师衙门，是中国近代史上第一支海军——北洋海军指挥中心。占地17000平方米，建于清代，北洋海军时期是丁汝昌就在这里筹划指挥军事宜。
262	胶东半岛海滨风景名胜区	刘公岛景区	旗顶山炮台	人文景源	一级	旗顶山炮台位于刘公岛海拔153.5米的六峰山。旗顶山，是刘公岛设立的六座中海拔最高的一座。始建于1887年，当时北洋海军在刘公岛设立的六座炮台中海拔最高的一座。炮台大炮毁于中日甲午战火，其他遗址保存较好。2004年复制24厘米口径德国克房伯大炮2门，安装于炮台旧址。

序号	风景区名称	所属景区	景源名称	景源类别	级别	景源简介
263	胶东半岛海滨风景名胜区	刘公岛景区	东泓炮台	人文景源	一级	东泓炮台位于刘公岛东端的东泓，建于1889—1890年。地道为砖石结构，拱券穹顶。最高处4米，宽3.2米，平均高、宽在2.6米左右，有完好的通气设备。甲午战争时，炮台毁于战火。现遗址处存有2004年复制大炮一门，为地阱炮，兵舍保存完好
264	胶东半岛海滨风景名胜区	刘公岛景区	日岛炮台	人文景源	一级	日岛炮台位于刘公岛东南面日岛上，距刘公岛日岛，建于1889年，为地阱炮台。岛长120米，宽80米，岛岸线长880米，岛高13.8米。岛上有一座修建于1889年的地阱炮台。现今岛上无人居住，炮台间国防浪端倒塌，炮台、炮位曾做过简单修复，古炮台修复一新，岛上建有灯塔一座
265	胶东半岛海滨风景名胜区	蓬莱阁景区	蓬莱海市蜃楼	自然景源	一级	据史籍记载，每年春复、夏秋之交、空晴海静之日，蓬莱城北海面常出现海市、海上蜃楼。面立起一片山峦，或高峰突起，或凉楼迭现，散面成气，聚面成形，虚无缥缈，变幻莫测。有方士以海上三神山的虚幻神奇，演绎出海上三神山的传说，惟妙惟肖地描绘出一个令世人向往的神仙世界
266	胶东半岛海滨风景名胜区	蓬莱阁景区	蓬莱阁水城	人文景源	一级	水城位于县城西北丹崖山东侧。宋庆历二年（1042）于此建停泊战船的刀鱼寨。明洪武九年（1376）在原刀鱼寨的基础上修筑水城，总面积27万平方米，南宽北窄，呈长方形。海港建筑和防御性建筑保存完好，是国内现存最完整的古代水军基地
267	胶东半岛海滨风景名胜区	蓬莱阁景区	父子总督牌坊（戚家牌坊）	人文景源	一级	戚家牌坊位于戚继光祠南侧约100米牌坊里街东两端，东为"父子总督"坊，西为"母子节孝"坊，均系四柱三间五楼云檐多脊花岗岩石雕坊。明嘉靖四十四年（1565）建，两坊间距140米，高8.3米，宽9.5米，进深2.7米
268	胶东半岛海滨风景名胜区	蓬莱阁景区	母子节孝牌坊（戚家牌坊）	人文景源	一级	戚家牌坊位于戚继光祠南侧约100米牌坊里街东两端，东为"父子总督"坊，西为"母子节孝"坊，均系四柱三间五楼云檐多脊花岗岩石雕坊。明嘉靖四十四年（1565）建，两坊间距140米，高8.3米，宽9.5米，进深2.7米
269	胶东半岛海滨风景名胜区	成山头景区	柳夼红层砂岩	自然景源	一级	是花岗岩层面上形成的特殊的沉积构造，是成山头北部滨岸为岬角—海湾地貌发育的侵蚀一沉积复合环境，出露于海湾凹地至岸坡上，海拔低于60米
270	胶东半岛海滨风景名胜区	成山头景区	天尽头	自然景源	一级	位于成山景区最东端，是一块突出于大海之中的陆地，是中国陆地的最东端。它悬崖峭壁，三面环海。1984年10月23日，胡耀邦同志视察成山头，有感而发，挥笔手书"心潮澎湃""天尽头""七字"、"天尽头"三字立碑于此，碑高180厘米，碑宽85厘米，碑厚35厘米
271	胶东半岛海滨风景名胜区	刘公岛景区	百年紫藤	自然景源	二级	在刘公岛丁汝昌寓所内，院内两株百年紫藤，西侧一棵是丁汝昌亲手所植，至今仍根深叶茂
272	胶东半岛海滨风景名胜区	刘公岛景区	百年龙柏	自然景源	二级	当年刘公岛为了给过往的船民遮阴休息，特地在刘公岛南坡的岸边，一直繁茂地生长了近2000年。人们称之为"刘公龙柏"。这3株古柏在甲午战争中被毁，岛上居民为了纪念刘公，在原址上重新栽植了3株龙柏树，至今树龄已达百余年

序号	风景区名称	所属景区	景源名称	景源类别	级别	景源简介
273	胶东半岛海滨风景名胜区	刘公岛景区	黑鱼岛	自然景源	二级	位于刘公岛北侧0.1千米，呈南北走向，长100米，东西最宽处30米，面积2500平方米，海拔8.8米。属大陆岛，由下元古代胶东岩群的片麻岩组成，表层岩石裸露，无植被，无水源。俗称黑鱼头。因岛上岩石为暗黑色，状似鱼头得名。航海资料称其为黑鱼屿，岛岸线长0.21千米
274	胶东半岛海滨风景名胜区	刘公岛景区	旗顶山黑松林森林	自然景源	二级	刘公岛由于长期作为军事前沿，经常处于荒岛状态。英帝国主义强占威海后，曾从日本引入黑松苗10万棵植于刘公岛外码头区，森林覆盖逐渐提高。新中国成立后，继续种植树造林
275	胶东半岛海滨风景名胜区	刘公岛景区	麻井子船坞	人文景源	二级	位于刘公岛西南部沿岸，水师学堂与黄岛之间，建于1887年（清光绪十三年），占地8万多平方米。船坞的泊船坞池的平面呈不规则的梯形，由方形块石砌成。北侧的堤坝长280余米，为当年填海而成，同时兼做连接黄岛炮台的通道。南侧提坝长320米，是舰船的主要停靠区
276	胶东半岛海滨风景名胜区	刘公岛景区	公所后炮台	人文景源	二级	位于刘公岛北洋海军提督的西北约870米，建于1889年。炮台设24厘米口径地阱炮2门，7.5厘米口径行营炮6门。倚山势设兵舍14间，炮台可由地道直达炮位。1987年修复一座地阱炮位，兵舍坑道现保存完好
277	胶东半岛海滨风景名胜区	刘公岛景区	英蒸馏所	人文景源	二级	位于刘公岛南铁码头东，建于英租时期（1898—1930），建筑面积约700平方米，建筑结构为砖石结构，欧式风格，建于铁码头东海边
278	胶东半岛海滨风景名胜区	刘公岛景区	机器局	人文景源	二级	建成于19世纪80年代，军刘公岛基地修船所，主要负责北洋海军军舰的小型维修和零件制配。英租时期为英军机修基地修船所，从事锻打、铸造、木工、油漆、机修等业务，设有桶匠作坊、海军粮仓、救火仓等
279	胶东半岛海滨风景名胜区	刘公岛景区	工程局	人文景源	二级	建成于19世纪80年代，负责北洋海军各项工程的营建，待工程完毕后，再负责管理刘公岛北洋海军配套机构
280	胶东半岛海滨风景名胜区	刘公岛景区	屯煤所	人文景源	二级	库房内部的立柱由砖石砌成，屋顶由钢架构筑，钢质优良，虽历经百年风雨，但钢质屋架仍保持完好如初。新中国成立后，铁码头由驻岛人民海军管理。2017年，刘公岛管委对屯煤所进行修缮，辟建历史选择展馆，使树置几十年的历史重放异彩
281	胶东半岛海滨风景名胜区	刘公岛景区	鱼雷修理厂	人文景源	二级	鱼雷修理厂是维护、保养鱼雷艇和鱼雷的机构
282	胶东半岛海滨风景名胜区	刘公岛景区	铁码头	人文景源	二级	铁码头位于刘公岛西南，北洋海军提督署西450米。1889年（清光绪十五年）由道员龚照玙主持修建造，1891年竣工，是北洋海军舰艇的停泊之所。墩桩"用厚铁板钉成方柱，径四尺五寸，长五六丈，中灌水泥，凝结如石，直入海底。"上部改接铁架，长205米，宽6.9米，水深7米

序号	风景区名称	所属景区	景源名称	景源类别	级别	景源简介
283	胶东半岛海滨风景名胜区	刘公岛景区	康来饭店	人文景源	二级	位于北洋海军提督署以东120米，该建筑占地面积1.4公顷，使用面积3287平方米。坐北朝南，砖石结构，场地海拔10.23~12.8米，平面近似长方形，建有外廊，建筑总长70.7米。主体两层，设有四面坡黑皮铁皮屋顶，构图严谨、细部处理精致
284	胶东半岛海滨风景名胜区	刘公岛景区	共济会会馆旧址	人文景源	二级	位于刘公岛国家森林公园西侧，是英租刘公岛期间贵族最主要的社交娱乐场所。英国租占威海卫后，大批海军人员包括共济会会员进入威海卫。1909年6月建设了两层砖石结构，建筑面积658平方米的现会馆，1910年5月完工
285	胶东半岛海滨风景名胜区	刘公岛景区	北洋海军忠魂碑	人文景源	二级	位于刘公岛北洋海军成军100周年而建，呈六棱形，高28.5米，上部正面是"北洋海军忠魂碑"七个金黄大字，下部碑文两侧是北洋海军将士浴身边备战、英勇杀敌的群体浮雕。碑由军花大理石镶嵌
286	胶东半岛海滨风景名胜区	刘公岛景区	基督教礼拜堂	人文景源	二级	位于刘公岛北洋海军提督署东北200米处，建于英租时期（1898—1930），建筑占地294.80平方米，朝向为南北向，砖石结构，层数为一层，建筑小巧别致，平面布局合理，为典型欧式教堂风格
287	胶东半岛海滨风景名胜区	刘公岛景区	中国甲午战争博物院陈列馆	人文景源	二级	陈列馆占地面积10000多平方米，分上下两层，以《甲午战争史实展》为基本陈列，通过翔实的文物、史料，全面展示甲午战争历史画面。中国科学院院士彭一刚设计陈列馆主体建筑由著名的建筑设计大师、中国科学院院士彭一刚设计
288	胶东半岛海滨风景名胜区	刘公岛景区	迎门洞炮台	人文景源	二级	位于旗顶山东麓一山包上，建于1889—1890年。设24厘米平射炮一门，炮台下修有隐蔽室和水泥掩体。现炮台已毁，遗址尚存
289	胶东半岛海滨风景名胜区	刘公岛景区	东村	人文景源	二级	东村是岛上唯一的村落。始建于1918年，英军占领刘公岛后，出于军事和卫生考虑，把岛上中国居民全部迁出，当时将原来的中国房屋全部拆毁，按照英国卫生建筑标准，新建了东村和西村。东村现有居民50多户140多人，大多居民从事旅游服务工作
290	胶东半岛海滨风景名胜区	蓬莱阁景区	丹崖山	自然景源	二级	丹崖山海拔60米，因山石呈红褐色，又绝壁高耸。故名为丹崖山。临海，有山海之胜，宋代登州郡守于丹崖山顶有建蓬莱阁，亦以蓬莱名之，是复蓬莱阁的坤文石
291	胶东半岛海滨风景名胜区	蓬莱阁景区	黄渤海分界线	自然景源	二级	黄渤海分界线位于田横山北侧，黄海与渤海在此交汇
292	胶东半岛海滨风景名胜区	蓬莱阁景区	戚继光祠堂	人文景源	二级	戚继光祠堂位于县城府前街中段东侧。明崇祯八年（1635）为褒扬戚继光而建，御笔亲题"表功间"。祠堂于清康熙四十六年（1707）重修，1985年征为国有，并全面修复。祠堂为三进院落石家庙式建筑，门房、正祠各三间，均为单檐硬山砖木结构，占地595.1平方米

序号	风景区名称	所属景区	景源名称	景源类别	级别	景源简介
293	胶东半岛海滨风景名胜区	成山头景区	成山海市蜃楼	自然景源	二级	成山海市是景区知名的天象景观，对环境要求较高，出现条件主要包括气温适中、大潮夕、晴或少云，海面能见度较高，主要发生在春夏之交。在夏、秋季节也有发生。九十月间渔火发光频率最大
294	胶东半岛海滨风景名胜区	成山头景区	海龙石	自然景源	二级	海龙石在威海成山景区北部偏东，柳树湾口北侧。航海资料称其为海龙石，由来不详。明礁，呈西北东南向分布，长约30米，宽约20米，面积约600米。由暗黑色的片麻岩组成。海拔2.5米。周围水深约20米
295	胶东半岛海滨风景名胜区	成山头景区	成山日出	自然景源	二级	成山头又称天尽头，有"中国的好望角"之称，属于山东省威海市下辖县级市荣成市的成山镇，因地处成山山脉最东端而得名，三面环海，距韩国仅94海里，是我国陆地上最早看见海上日出的地方之一，自古就被誉为"太阳启升的地方"，春秋时称"朝舞"
296	胶东半岛海滨风景名胜区	成山头景区	始皇庙	人文景源	二级	始皇庙座落在成山头上，是秦始皇东巡时建立的行宫。始皇庙当地人民为了纪念秦始皇曾经到过这里改建，2010年重新对外开放。庙内有前殿日主祠、正殿始皇殿、东殿后宫、邓公祠、钟楼、戏台
297	胶东半岛海滨风景名胜区	成山头景区	射鲛台遗址	人文景源	二级	传说秦始皇拨给徐福三千童男童女及大量金银，让他们寻找仙草。徐福找不到长生仙草骗始皇说：东海有一条大鲛鱼保护仙草，阻挡在海面上，不能靠近仙草。始皇遂召集优秀射手，站在海边的大礁上箭射鲛鱼，这块礁石遂得名：射鲛台
298	胶东半岛海滨风景名胜区	成山头景区	秦桥遗迹	人文景源	二级	秦桥又名秦皇桥，在成山头南侧海中，由海中4块巨石天然构成由于礁石嵯峨，若断若连，随潮涨落，出没海面，其形如桥，似人工架设相传，当年秦始皇要到东海的三神山去采集长生不老的仙药，便在这里修建石桥，后人称之为秦皇桥
299	胶东半岛海滨风景名胜区	成山头景区	拜日台遗址	人文景源	二级	秦始皇统一天下后，曾两次东巡成山头，命人在山顶筑台摆贡，祭拜日神。秦始皇立台石为证，只是日久，风蚀雨淋，原石碑早已不复存在，成山观当与祠有关，旧说认为秦汉时在石碑，以纪念始皇拜日。此后，汉武帝、康熙帝也到此拜日
300	胶东半岛海滨风景名胜区	成山头景区	成山观遗址	人文景源	二级	秦汉年代不详，曾废年不详，故名不详，以山为名。相传该地古时夜晚日出，如同白昼。兴废年代不详，故名不详。秦汉观当东莱郡不夜县（今山东荣成北），成汉观当与祠有关。旧说认为此祠日，在汉白台上修筑宫阙
301	博山风景名胜区	石门景区	齐长城遗址（石门）	人文景源	一级	齐长城风门关位于2600年前的齐国首都临淄之西南博莱交界处，史载，齐长城始建于公元前555年以前的齐桓公时代。当时，晋国伐齐，齐灵公齐兵被迫将济水以南依临山的一段水坝加宽、加高，以阻挡联军，这便是作为军防御工程的齐长城最初的由来
302	博山风景名胜区	原山景区	齐长城遗址（原山）	人文景源	一级	原山景区齐长城遗址主要分布在凤凰山西坡，有560米的土石混筑长城可见，宽5米、高1.8米，散宽9米，土垄凸现。周围槐榆树，杂草为主。在原山内蜿蜒出没近5千米，穿越原山绵延数万亩的林海

序号	风景区名称	所属景区	景源名称	景源类别	级别	景源简介
303	博山风景名胜区	樵岭前景区	齐长城遗址（樵岭前）	人文景源	一级	在樵岭前村南，有两段残留的古齐长城遗址及保留较好的拱桥一座，桥高约5米，宽3米，向东西延伸数里。齐长城是齐国南部的强大邻国鲁、楚国的势力向北扩张，长城又成了齐国防楚的重要屏障。这段齐长城依山势而构筑，随沟壑设防，雄伟壮观
304	博山风景名胜区	开元溶洞景区	开元溶洞	自然景源	一级	开元溶洞位于源泉镇，发育于下古生代奥陶纪白云质岩，形成于40万年前，是典型的岩溶溶洞穴，洞体大而高，最高处达30余米，宽20余米，长1280米，分八个大厅，洞内各种钟乳石姿态各异，是江北最大的溶洞。开元溶洞是因洞内有唐代开元年间的摩崖石刻而得名
305	博山风景名胜区	石门景区	小黄山	自然景源	二级	在博山西北部，石门村西南3.5千米处，有一座突兀的高山，山上石壁石柱如林，就像黄山西海一般，因此称为小黄山
306	博山风景名胜区	石门景区	夹合台	自然景源	二级	在石门村西北3华里处，山形为3层台式，海拔708.5米，山顶平坦开阔。在夹合台1层及2层悬崖之间，及底层岩根处，分布着大量山洞，有夹合洞、朝阳洞、心洞、大瓮洞、阁老洞、大鬼洞、小鬼洞、石窗洞等30余条山洞
307	博山风景名胜区	石门景区	石门秋韵	自然景源	二级	山林葱郁，森林覆盖率较高，主要有侧柏、刺槐、柿子、栾树、拐枣、银杏和黄栌等大量色叶树种，形成了林壑幽深，秋季多叶漫山的景观，夏日绿树阴荫、夏季山中进行绿化
308	博山风景名胜区	石门景区	龙门天池	自然景源	二级	又称门峪水库，工于1988年，竣工于1992年，为开发旅游业，环四周开发山庄，可供游人餐饮小憩。层林尽染，金秋时节，令人流连忘返
309	博山风景名胜区	白石洞景区	白石洞	自然景源	二级	位于樵山西坡城村以西，主峰海拔585米。有较大石洞七处，其中最大的是有泉水的石洞，小洞不下百处，庙外有一陡哨方一大洞，石壁下有一大洞，高5米，深7米，洞外水池蓄满清波，沿石阶3余里，有一陡哨方一大洞，石壁下有一大洞，高5米，深7米，洞外水池蓄满清波，沿石阶3余里处有一小洞，一张清泉从中涌出
310	博山风景名胜区	白石洞景区	白石洞古树群	自然景源	二级	白石洞庙内外及石洞前古树多株，庙中月亮门外有一株古老银杏，胸径135厘米，树龄600年以上。庙外有国槐两株，树龄500年以上。毛板最大的一株胸径87厘米，树龄450年。元宝枫最大的胸径67厘米，树龄300年。黄连木最大胸径为67厘米，300年树龄，流苏树胸径63厘米，400年树龄
311	博山风景名胜区	白石洞景区	和尚房古树群	自然景源	二级	在村西的山坡脚下，有一株刺楸，树龄在百年以上，和房村西，有一株号称"山东第一桧"的桧柏，植根于巨石缝隙之中，树龄在300年以上。石王殿前尚存5株侧柏，树龄均在300年以上，在殿东侧一株，西侧由北向南并排四株，五棵树依崖傍洞，长势旺盛
312	博山风景名胜区	樵岭前景区	博山溶洞	自然景源	二级	位于樵岭前村东寨岭顶山，在北方地区十分罕见，整个主洞周围支洞交错，洞中有洞，曲折幽深，结构十分奇特，冬暖夏凉。整个溶洞是华北地区罕见的大型石灰岩洞穴系统，因洞口曲折向朝东，故又称为朝阳洞，洞内空气清新，常年流水

序号	风景区名称	所属景区	景源名称	景源类别	级别	景源简介
313	博山风景名胜区	樵岭前景区	王母池	自然景源	二级	位于樵岭前村南，两山相交形成一峡谷口处，飞流叠瀑，"疑是银河落九天"，巨大的水谷冲击崖底，流光溢彩，绚丽动人
314	博山风景名胜区	樵岭前景区	淋漓湖	自然景源	二级	水面数百亩，系一人工湖，原设计容水量为250万方米。湖山掩映，恰似一幅酣畅淋漓的泼墨山水画卷。湖面碧波浩渺，波澜不惊，山如碧螺，倒映其中，正是"澄湖如镜，碧霄荡漾、青山倒影垂"，乘兴荡桨，舟身伴着涟漪，优游适意。一袭风掠，"吹皱一池春水"
315	博山风景名胜区	五阳山景区	五阳山古柏群	自然景源	二级	五阳山现存活时间最长属国宝级的5株柏树，树龄都在500年以上，其中醉酒台上一株一千唐朝观赏的小柏树群中位置最高的庙宇。玉皇殿前的一株古柏名叫"凤凰柏"，五阳山的柏树不仅数目无计，一株不起眼的小柏树树龄也达数百年
316	博山风景名胜区	五阳山景区	五阳山古建筑群	人文景源	二级	古建筑庙群大小120余间，4000余平方米，其主要寺庙有玉皇殿坐落在山腹上端，是五阳山庙群中位置最高的庙宇，创于明代，清雅正七年重修。吕祖阁与玉皇月亭相邻。志公殿坐落于玉皇殿右下方，三官殿坐落在"人胜门"内，是五阳山庙群中最大的建筑物。三霄祠坐落在三官殿东侧
317	博山风景名胜区	鲁山景区	驼禅寺	人文景源	二级	驼禅寺是鲁山现存的唯一人文景观，建于南北朝时期的梁武帝年间，距今1400余年，是鲁山地区香火最旺的寺院。驼禅寺建于巨龙头头突出，酷似巨龙山脉上，西依观云峰，南向沂蒙大地。大雄宝殿等无梁石建筑志公塔和志公庙
318	博山风景名胜区	鲁山景区	鲁山云海	自然景源	二级	主峰观云峰突立于群山之上，登峰极目，云海日出尽收眼底，村落点点，河流蜿蜒，令人心旷神怡，遇有合适天气，云海之上，泰山、蒙山、沂山主峰像岛屿浮于云海之上，"四雄兢秀"，蔚为壮观
319	博山风景名胜区	鲁山景区	观云峰	自然景源	二级	为鲁山主峰，海拔1108.3米，为鲁中最高峰，山东省第四高山，登峰极目四周林海茫茫，村落点点，河流蜿蜒，群山委迤，令人心旷神怡，遐想万千
320	博山风景名胜区	鲁山景区	卧龙山	自然景源	二级	群石堆积，天然形成的巨龙图，盘踞在绿树松涛之中，任绿树松涛之中，威风凛凛，意欲腾飞，犹如银龙戏海
321	博山风景名胜区	鲁山景区	油松林	自然景源	二级	鲁山海拔1000米以上植被以油松为主
322	博山风景名胜区	鲁山景区	赤松林	自然景源	二级	鲁山海拔1000米以下的区域
323	博山风景名胜区	鲁山景区	落叶松林	自然景源	二级	有寒温带针叶林（如落叶松林等），温性针叶林中的较耐寒类型（如华山松林）落叶阔叶林中的耐寒类型假枝树林以及山顶灌丛和灌草丛（如绣线菊、连翘，湖北荚蒾灌丛）
324	博山风景名胜区	鲁山景区	枣树岭瀑布	自然景源	二级	所在的位置由于常年水滴水不断，淋漓如丝，又名滴水崖。景观一年四季各不相同。春秋雨水稀少，瀑布像如珠如帘下垂，随风飘散；隆冬，冰雕玉挂，晶莹剔透，一片琉璃世界；盛夏，特别是雷雨初过，瀑布飞流直下，如银河倒泻，白练悬空，水汽弥漫如雷鸣，震耳欲聋，闻声数里

序号	风景区名称	所属景区	景源名称	景源类别	级别	景源简介
325	博山风景名胜区	鲁山景区	神龟探海	自然景源	二级	巨型"乌龟"从悬崖之中探出半身，窥视对岸高擎于船盘石上的"大樱桃"，伸头出脑，欲啃不得之憨态，令人捧腹
326	博山风景名胜区	鲁山景区	万石迷宫	自然景源	二级	分为南宫、中宫和北宫，迷宫内路路相通，洞洞相连，扑朔迷离，幽深异常。迷宫是由无数巨大浑圆的"石蛋"堆积而成的一处天然支架洞，在地质学上叫"石蛋地貌"，这样处于近千米海拔位置且大面积聚集的石蛋地貌，在华北地区是非常罕见的
327	青州风景名胜区	云门山景区	云门山摩崖题刻群	人文景源	一级	云门山上历代名人题刻甚多，有唐北海郡太守赵居贞《投金龙环璧》诗；有宋留文忠公(弼)题名七人，欧阳永叔(修)六人，赵清献公(抃)二人；有伸仲羽正，王世贞；清施润章、安致远等题刻。有些题刻已漫漶。明尚书、少保衡王府夏一风《重修云门山》碑立于山颠"云门山"三字刻于峰北的摩崖，雪蓑行书"神在"等镌有硕大字称；清青州知府夏一风《重修云门山》碑立于山颠"云门山"三字刻于峰北的摩崖，雪蓑行书"神在"等镌有硕大字称，故有"人无寸高"之说，为我国摩崖"寿"字之最主峰北侧壁的摩崖"寿"字尤以硕大者称，高7.5米，宽3.7米，仅其"寸"字部分就高2.23米，故有"人无寸高"之说，为我国摩崖"寿"字之最
328	青州风景名胜区	云门山景区	云门山石窟造像群	人文景源	一级	开凿于北周至隋唐时期(557—907)，自西向东共有5个石窟，造像300多尊，雕刻畅流，线条优美，被著名建筑教育家梁思成誉为"其雕工至为成熟，可称隋代最精作品"。云门山石窟造像群第一窟为一佛二菩萨二力士型布置；第二窟为一佛二菩萨型布置；第三、四、五窟均为一佛、二菩萨，二天王或二力士型布置。造像风格又是惊人的相似
329	青州风景名胜区	驼山景区	驼山石窟造像群	人文景源	一级	驼山石窟造像群是中国东部最大、保存最完整的石窟造像群，1988年被列为全国重点文物保护单位。石窟造像群有大小石窟5座，摩崖造像1处，小的仅0.1米。造像分别开凿于北周至盛唐时期，雕工线条流畅，造型精准美确，大的高达7米，小的仅0.1米。造像分别开凿于北周至盛唐时期，该石窟造像是古代佛教造像艺术中的珍品，也是研究我国雕塑绘画艺术和佛教发展史珍贵史的珍贵实物资料。摩崖造像群雕凿于隋唐时期(581—907)，造型题材多样，共有佛、菩萨等造像7组15尊
330	青州风景名胜区	驼山景区	七宝阁	人文景源	一级	传为历代道家供奉"三清四御"之地。"三清"指道教神仙世界中地位最高的三清尊神，分别为玉清元始天尊、上清灵宝天尊、太清太上老君；"四御"指辅佐三清的天神，分别为中天紫微北极大帝，南方南极长生大帝，勾陈上皇天皇大帝，后土皇地祇。该建筑为石质无梁阁楼式元代(1271—1368)建筑，距今已有700余年历史，清顺治年间重修，其造型奇特，结构坚固，堪称珍品
331	青州风景名胜区	玲珑山景区	玲珑山白驹谷题名	人文景源	一级	在玲珑山有名的"白驹谷"的山谷，当地群众称作字谷。著名的白驹谷题名"中岳先生荧阳郑道昭游槃之山谷地，此白驹谷"即刻于西崖壁洞，距今已有1400余年历史，字迹清晰完好，实为不可多得的书法艺术瑰宝

附录 山东省国家级风景名胜区重要景源一览表　543

序号	风景区名称	所属景区	景源名称	景源类别	级别	景源简介
332	青州风景名胜区	玲珑山景区	玲珑山瑶池建筑群	人文景源	一级	瑶池，位于玲珑山山顶，另名"王母行宫"，清初始建。古地面积约300平方米，坐北朝南，青石砌筑，东西面阔三间，进深一间，单檐硬山顶。玲珑洞、洞口有一方康熙年间立《山门碑记》。另一方为乾隆年间立半截石碑，碑铭是《笔架修醮》。观音洞有内外两重门。外门"与天齐寿"的横批下，有工整的阴刻对联：洞寥相形古洞府，峰岭竦起独玲珑。门联是"难必救慈悲君子，雨不雷忠厚圣人"，在山门附近还存有残碑2方
333	青州风景名胜区	昭阳洞景区	下天桥	自然景源	一级	昭阳洞南有深洞，洞上有拱石连接南北，此拱石曰升仙桥，又名下天桥，俗称仙人桥。此桥长7米多，宽1米余，桥两侧曾设石柱，现仅存残迹
334	青州风景名胜区	云门山景区	云门拱壁	自然景源	二级	云门洞远望如悬于天空的明镜，拱壁镶嵌。每逢夏秋奉节，云雾缭绕，穿洞而过，拱顶的亭台楼阁托于滚滚云海之上，犹如仙境一般，故被称为云门仙境，又称云门拱壁，山顶上也因此而得名，乃为青州胜景之一、云门山也因此而得名
335	青州风景名胜区	云门山景区	云门洞	自然景源	二级	相传为秦始皇（公元前219年）东巡时为压地王气开凿。明嘉靖年间在天然洞穴的基础上开凿。东晋（410）郄大夫首筑东阳城时扩凿而成，俗称陈抟洞。据史料记载，北宋乾德六年（968），天禧五年（1021）先后两次增扩。洞高4米，宽6米，深10余米。因何时有云雾缭绕，穿洞而过，故名云门洞
336	青州风景名胜区	云门山景区	万春洞	自然景源	二级	又名希夷室，是彰显碧霞元君，俗称泰山老母。明嘉靖年间青州衡王开凿，内有中国道教思想家、哲学家、内丹学家、太极文化传人，宋代理学先师陈抟侧卧睡姿雕像，以及石床、石泉等遗存。洞壁有明代雪蓑道人，衡王府内掌司姜云谷等题刻
337	青州风景名胜区	云门山景区	天仙玉女祠	人文景源	二级	天仙玉女即碧霞元君，俗称泰山老母。该祠为无梁硬山式双拱建筑，始建年代无考，元代改建为道士帽武，明代衡王府重修。建筑样式独具特色，是民间求子、祈福的场所
338	青州风景名胜区	驼山景区	驼岭千寻	自然景源	二级	驼山，位于青州城西南5千米，主峰海拔408米。山顶上双峰对峙，犹如一匹伏卧的骆驼，绵延数里，故称驼岭千寻，为青州古八景之一。"寻"是一古代长度单位，古时以八尺为一寻，一寻约等于现在的25米。明嘉靖年间《青州府志》记载："山横百数里，三面盘睇作驼形，身首宛然，遥峙弥真。"
339	青州风景名胜区	驼山景区	驼山古侧柏群	自然景源	二级	为青州市域现存最大的古柏群，有古柏近百棵。古柏历经沧桑，树龄部在200年以上，弥足珍贵
340	青州风景名胜区	驼山景区	"驼山"题刻	人文景源	二级	"驼山"楷体榜书，为明正德年间（1505—1521）乔宇所书。字体刚劲有力，虽历经沧桑，仍雄壮依旧。乔宇，山西乐平人，官至兵部、礼部、吏部尚书，太子太保加少保

序号	风景区名称	所属景区	景源名称	景源类别	级别	景源简介
341	青州风景名胜区	驼山景区	驼山碑林	人文景源	二级	青州驼山碑林，位于驼山昊天宫，有碑刻130多块，多为重修碑记，最具价值的是明代户部尚书、礼部尚书和兵部尚书陈经撰文、杨应奎书丹，胡宗宪所立的《重修昊天宫记》和元代的《大元降御香记》碑。另有两座御香亭，建于康熙年间，现规模相同，均为全石结构。驼山碑林具有重要的历史资料价值，也是驼山重要的文化景观
342	青州风景名胜区	劈山景区	劈峰夕照	自然景源	二级	劈山位于云门山东南，主峰海拔547米，山顶如刀削斧劈。北魏郦道元在《水经注》记载："石井水出南山，山顶洞开，望若门焉，俗谓县劈头山"。劈缝宽近3米，深10余米，每当夕阳映照，金光四射，美轮美奂。古诗云："夕阳灼烁蒸双壁，照参差射夕处"。"劈峰夕照"，为青州古八景之一
343	青州风景名胜区	玲珑山景区	玲珑秀色	自然景源	二级	玲珑山山巅之上，王皇顶、凌霞关、卡天门等，都别开生面，独有妙处。天降石、飞来石，如天造神设，蔚为奇观，玲珑秀色成为古青州的一大胜景
344	青州风景名胜区	玲珑山景区	井塘古村	人文景源	二级	井塘古村位于青州市王府街道办事处玲珑山脚下，已经有500余年历史，古村依山而建，形成了具有明代建筑风格又富西部山区居住特色的古建筑群。是山东省内保存比较完好的一个古村落。整个村落被古城墙所包围，城墙用青石砌成，每隔30多米修建一处城堡（炮楼），向人们展示着明代所有自卫防御功能。该村以明朝王康王裁主的女婿吴仪宾的古村为中心，形成了以张家大院、吴家大院、孙家大院为节点的独特吴仪宾居风格建筑群，并有保留完好的十二古屋古井群，古井、古庙、古石台等
345	青州风景名胜区	黄花溪景区	黄花溪	自然景源	二级	"黄花溪"寓意水、石、山、林等自然资源，地处唐庄西南的山谷中，溪水清澈，宛若一个乡间的少女，静则流光盼顾，动则飞流湍急，闻者无不动容。沿途两面悬崖峭壁、怪石林立，崖壁之上，或如人面，千姿百态，惟妙惟肖。古松虬枝倒挂其间，黄绿交融，相映成趣，构成了一幅神奇的天然画卷，无不令人惊叹大自然的鬼斧神工
346	青州风景名胜区	黄花溪景区	丹崖谷	自然景源	二级	此处位于昝崖崖壁呈红色，如丹似霞一般，与周边绿树相称，红翠对比，因名丹崖谷
347	青州风景名胜区	昭阳洞景区	昭阳洞	自然景源	二级	昭阳洞，位于青州西南50余千米的静山之中，所在之山名为"洞顶山"。此山悬崖峭壁，巨壑深洞。该山之所以被命名为洞顶，是因为此山左侧，北峰山阳的悬崖下有一个神奇的天然洞穴。此洞穴古书上早有记载曰："昭阳洞"，相传因昭阳太子禹此而得名
348	千佛山风景名胜区	千佛山景区	历山院	人文景源	一级	紧临兴国禅寺，是佛、道、儒三教合居的寺院
349	千佛山风景名胜区	千佛山景区	舜祠	人文景源	一级	位于历山院的东南隅，周朝时即已存在，距今2400余年，后依山崖，松柏相映。供奉我国上古时期的帝王——舜及两位妻子（娥皇和女英）
350	千佛山风景名胜区	千佛山景区	兴国禅寺	人文景源	一级	创建于隋开皇年间，寺内摩崖造像，为市级文物保护单位。原名千佛寺，后经唐、宋、明几代重修，改名兴国禅寺；寺内佛像是艺术宝库中的珍品

序号	风景区名称	所属景区	景源名称	景源类别	级别	景源简介
351	千佛山风景名胜区	千佛山景区	千佛山摩崖造像	人文景源	一级	省级文物保护单位。兴国禅寺园内，石崖上有镌刻的佛像130余尊，距今已有1400多年，是山东地区最早的摩崖石刻
352	千佛山风景名胜区	千佛山景区	唐槐	自然景源	一级	古槐树龄1300多年。古树下一株小槐树，穿过树干枯洞，宛如慈母抱子
353	千佛山风景名胜区	千佛山景区	甘露泉	自然景源	一级	济南七十二名泉之一，位于开元寺遗址南侧悬崖下，泉水经年不涸，水质甘美，可做饮用水
354	千佛山风景名胜区	千佛山景区	开元寺遗址	人文景源	一级	市级文物保护单位。位于佛慧山深洞内，原名佛慧寺，明初改称开元寺。历史上原地面建筑已毁，目前仅保存建筑基址，石窟造像以反隋、唐、宋、元、明、清各代人题记
355	千佛山风景名胜区	千佛山景区	大佛头造像	人文景源	一级	省级文物保护单位。位于千佛慧山顶北侧峭壁上一巨大佛龛中，为整石刻就的一尊佛像，俗称大佛头。像高7.8米，宽5.35米，因仅刻胸肩以上
356	千佛山风景名胜区	千佛山景区	黄石崖造像	人文景源	一级	省级文物保护单位。位于千佛山东南，罗袁寺顶北侧山峰下，海拔350米，因山岩呈黄色，而得名。造像范围长40米，呈"一"字形排列，造像区域最高5米，最低70厘米。锡北魏、东魏时期佛像，菩萨造像共92尊，是济南最早的浮雕群
357	千佛山风景名胜区	千佛山景区	佛山赏菊	自然景源	一级	济南八景之一。佛慧山为主观赏区。山南山北遍植菊花，松萝蒙荫，鸟语啾啾，一到秋天，黄花遍地，红得像火，黄得像金；清风吹来，馨香扑鼻，被称为佛山赏菊
358	千佛山风景名胜区	千佛山景区	鲁班祠	人文景源	二级	位于历山山院中，相传建于末元，清咸丰年间又重新维修，2000年改造。祠中供奉木瓦工匠的祖师——鲁班
359	千佛山风景名胜区	千佛山景区	丁宝桢碑	人文景源	二级	原刻十二块碑刻。碑刻立于清朝的光绪元年，碑文是由济南太守石小南所作的一部感慨人生的作品，而字则是由山东巡抚丁宝桢颜体正楷所书写
360	千佛山风景名胜区	千佛山景区	黔娄洞	自然景源	二级	位于济南千佛山兴国禅寺极乐洞的东侧的南侧岩壁上。相传周代黔娄子曾居住于此，故名。洞深10余米，三折之后呈长方形，为人工开凿，类似居室，面积20余平方米，高2米余
361	千佛山风景名胜区	千佛山景区	乾隆御碑	人文景源	二级	乾隆皇帝1748年来济南登千佛山时，有感而发所作，题为《千佛山极目有作》
362	千佛山风景名胜区	千佛山景区	齐烟九点坊	人文景源	二级	济南城北有九座秀山，称齐烟九点。清道光年间，于千佛山腰建坊，赏齐烟九点
363	千佛山风景名胜区	千佛山景区	文昌阁	人文景源	二级	原阁建于千佛山院内，清咸丰三年（1853）、光绪七年（1881）、光绪十六年（1890）先后修葺。现文昌阁占地20余亩，建筑面积4000余平方米
364	千佛山风景名胜区	千佛山景区	齐鲁碑刻文化苑	人文景源	二级	位于千佛山大门西侧，是济南市2012年加快千佛山风景区保护开发的重点工程。园区总占地面积约57500平方米，是济南市首家碑刻文化主题公园。有从秦代到明清时期山东历史上著名的132套石碑的复制碑

序号	风景区名称	所属景区	景源名称	景源类别	级别	景源简介
365	千佛山风景名胜区	千佛山景区	弥勒胜苑	人文景源	二级	2000年建成，由弥勒塑像、石壁浮雕、勒胜苑门坊等附属建筑构成
366	千佛山风景名胜区	千佛山景区	辛亥革命烈士陵园	人文景源	二级	建于1934年，1982年复建，至1983年9月竣工。1998年被列为省级文物保护单位，为纪念在辛亥革命中牺牲的23位烈士而建
367	千佛山风景名胜区	千佛山景区	第一弥化	人文景源	二级	字高2.6米，深及20厘米，气势雄伟，蔚为壮观，是济南最大的石刻。此字是1924年济南道院"统院掌籍"弟子何素璞住持镌刻而成
368	千佛山风景名胜区	千佛山景区	柏岩竞秀	自然景源	二级	风景区内遍布侧柏林，原生树种子植物，侧柏林下植物种类丰富，生态性良好。共有67种种子植物，隶属25科48属。柏树与白色的山体交相辉映，形成独具特色的"翠柏伴苍崖"景观
369	千佛山风景名胜区	千佛山景区	南麓丹霞	自然景源	二级	千佛山南面半山坡上，有1957年以来栽植的数以万计的色叶树。其中有翅果悬挂，形如五宝的五角枫；有叶形洒脱、色若形云的黄栌、黄连木等。深秋时节，叶色渐红，层林尽染，灿如彩霞，皎如丹目
370	千佛山风景名胜区	佛慧山景区	开元寺摩崖造像	人文景源	二级	1995年被公布为市级重点文物保护单位。据清道光版《济南府志》及乾隆版《历城县志》载：开元寺始建于唐，北宋景及南末建炎年间，曾重修。以后历代均有修葺，现已记废。寺内宝壁上现存末、明、清、民国题记13方，文字大部清晰可辨。由于年久风雨催蚀，再加上破坏，全部造像都有残缺
371	千佛山风景名胜区	佛慧山景区	长生泉	自然景源	二级	佛慧山开元寺遗址东侧石壁下，泉水经年不涸，汇为方池，山水渗滴，锶锵作响，水质甘美，可做饮用水
372	千佛山风景名胜区	佛慧山景区	罗袁圣髻	自然景源	二级	罗袁寺顶北坡偏东位置，厚层石灰岩与薄层泥质灰岩风化层依山势形成层层崖壁，恰似菩萨头顶的发髻，故名罗袁圣髻。共有4层，长800~1200米，高15~20米，是北方喀斯特地貌的典型代表
373	千佛山风景名胜区	蚰蜒山景区	蚰蜒秋色	自然景源	二级	蚰蜒山北邻佛慧山景区，西望金鸡岭。蚰蜒山南年年栽植树木不见绿，成活率低，山北则植被茂盛，草木繁盛，形成半山葱绿半山柞的特有景观。每到秋日，植被覆盖红色与白色灰岩石交相呼应，形成特有的秋色景观